水利工程管理及研究

李彦美　赵　奕　谢锡刚　著

黄河水利出版社

·郑　州·

图书在版编目（CIP）数据

水利工程管理及研究／李彦美，赵奕，谢锡刚著
. -- 郑州：黄河水利出版社，2024.1
ISBN 978-7-5509-3804-5

Ⅰ.①水... Ⅱ.①李... ②赵... ③谢... Ⅲ.①水利工
程管理-研究 Ⅳ.①TV6

中国国家版本馆 CIP 数据核字（2024）第009900号

| 责任编辑 | 王　璇 | 责任校对　冯俊娜 |
| 封面设计 | 张心怡 | 责任监制　常红昕 |

出版发行　黄河水利出版社
　　　　　地址：河南省郑州市顺河路49号　　邮政编码：450003
　　　　　网址：www.yrcp.cop　　E-mail:hhslcbs@126.com
　　　　　发行部电话:0371-66020550、66028024
承印单位　河南新华印刷集团有限公司
开　　本　787 mm×1 092 mm　1/16
印　　张　12.25
字　　数　290 千字
版次印次　2024 年 1 月第 1 版　　2024 年 1 月第 1 次印刷

定　　价　68.00 元

前　言

　　《水利工程管理及研究》是一部旨在探讨水利工程管理领域的重要议题和研究动态的专业著作。本书聚焦于水利工程领域的规划、设计、施工、维护、环境保护、信息化、风险与应急管理和可持续发展等多个方面的管理问题，以期为水利工程领域的从业者、研究人员和学生提供一份全面的参考资料。

　　水利工程一直以来扮演着关键的社会角色，它不仅为人们提供了饮用水和农业灌溉所需的水资源，还支持着工业生产、能源供应和生态保护等多个领域。随着全球气候变化、城市化进程的加快和资源稀缺性的不断加剧，水资源和水利工程管理面临着前所未有的挑战。因此，深入了解水利工程管理的最新趋势和最佳实践变得尤为重要。

　　本书的目标是为读者提供关于如何更好地管理和应对水资源挑战的见解，以及如何在不断变化的环境中实现水利工程的可持续性。通过深入研究和跨学科的合作，可以共同推动水资源管理的可持续发展，以应对未来的挑战。

　　我们要感谢所有为本书的创作和编辑作出贡献的人员，以及支持我们的家人和同事。希望本书能够激发更多的研究和实践，为全球水资源管理事业做出积极的贡献。

编　者

2023 年 9 月

目　录

第一章　导　论 ……………………………………………………… （1）
　　第一节　研究背景与动机 …………………………………………… （1）
　　第二节　研究目的与意义 …………………………………………… （4）
　　第三节　研究范围与内容 …………………………………………… （7）
第二章　水利工程规划与设计管理 ……………………………… （11）
　　第一节　水利工程规划管理 ……………………………………… （11）
　　第二节　水利工程设计管理 ……………………………………… （18）
　　第三节　水利工程设计全过程管理 ……………………………… （23）
第三章　水利工程施工管理 ……………………………………… （30）
　　第一节　水利工程施工质量管理 ………………………………… （30）
　　第二节　水利工程施工安全管理 ………………………………… （40）
　　第三节　水利工程合同、进度与资金管理 ……………………… （48）
第四章　水利工程维护与运营管理 ……………………………… （57）
　　第一节　水利工程维护与运营管理的重要性 …………………… （57）
　　第二节　水利工程运行与效益评估 ……………………………… （67）
第五章　水利工程环境与可持续发展管理 ……………………… （77）
　　第一节　水利工程环境保护管理 ………………………………… （77）
　　第二节　水土保持措施与水资源可持续利用 …………………… （86）
　　第三节　水利工程社会经济效益评估 …………………………… （94）
第六章　水利工程信息化管理 …………………………………… （101）
　　第一节　水利工程信息化管理的背景与特点 …………………… （101）
　　第二节　水利工程信息化建设与应用 …………………………… （111）
　　第三节　数字孪生水利技术及其应用 …………………………… （119）
第七章　水利工程风险与应急管理 ……………………………… （128）
　　第一节　水利工程风险管理的重要性 …………………………… （128）
　　第二节　水利工程灾害与防范管理 ……………………………… （137）
第八章　水利工程可持续发展与创新管理 ……………………… （153）
　　第一节　水利工程可持续发展的理念与目标 …………………… （153）
　　第二节　水利工程技术创新与应用 ……………………………… （166）
参考文献 …………………………………………………………… （187）

第一章 导 论

第一节 研究背景与动机

一、水利工程管理的演变与挑战

(一)水利工程的演变历程

水利工程作为人类社会最早的基础设施之一,经历了漫长而丰富多彩的演变历程。早期的水利工程主要集中在农田灌溉和城市供水方面,通过简单的引水和堤防建设,实现了对水资源的基本利用。随着社会经济的发展,水利工程逐渐涵盖了水电、水运、水环境治理等多个领域,规模和复杂性显著提升。

1.农田灌溉与城市供水阶段

在人类社会早期,水利工程主要关注农田灌溉和城市供水。通过简单的引水渠道和水坝,实现了水资源的分配和利用。这一阶段的水利工程以解决农田灌溉和居民生活用水为主要目标。

2.水电与水运发展阶段

随着工业革命的到来,水资源逐渐被应用于发电。水电站的建设使得水利工程在能源领域发挥了重要作用。同时,水运工程的发展促进了物资和人员的流动,对经济社会的发展产生了深远影响。

3.水环境治理与综合利用阶段

近年来,随着环境问题的凸显,水环境治理成为水利工程的重要任务之一。河流污染治理、水体生态修复等工程的兴建,为改善水环境贡献了力量。同时,综合利用水资源,如水资源回用和雨水收集利用,成为新的研究和实践领域。

(二)挑战与机遇

随着工程规模的不断扩大和技术的飞速发展,水利工程管理面临着前所未有的挑战。工程规模的增大带来了更高的风险,复杂的多学科交叉使得工程管理变得更加困难。项目众多性和资源有限性之间的矛盾,使得选择和优化项目成为一个难题。工程建设与自然环境的冲突不断加剧,环境保护的压力越来越大。这些挑战既是水利工程发展的制约因素,也是推动其创新的机遇。

1.工程规模的挑战

随着社会的不断发展,水利工程的规模越来越大。大坝、水电站等工程的建设不仅涉及庞大的投资,还需要面对巨大的风险。管理庞大工程的复杂性将是未来的挑战之一。

2.跨学科交叉的挑战

水利工程的发展已经超越了单一领域,涉及土木工程、环境科学、水文学等多个学科。

跨学科交叉带来了丰富的思想和创新,也给工程管理带来了新的、复杂的挑战。

3.可持续发展的挑战

在资源有限的背景下,如何在满足当前需求的同时保护未来的资源,是水利工程管理的重要课题。实现工程的可持续发展,需要平衡经济、社会和环境各方面的效益。

4.环境保护的压力与机遇

水利工程建设常常伴随着生态环境的破坏,引发社会关注。环保要求推动着工程管理向更加环境友好的方向发展,同时促进了环保技术和方法的创新。

5.技术创新的机遇

在信息技术、智能化技术的驱动下,水利工程管理面临着技术创新的机遇。智能监测、数字孪生等技术的应用,将使工程管理更加精细化和高效化。

水利工程的演变历程充分展现了人类社会对水资源的不断探索和利用。随着社会的发展,水利工程管理面临着诸多挑战。这些挑战既是制约,也是推动工程管理创新的机遇,需要在实践中不断寻找解决方法。

二、当前水资源管理的紧迫性与复杂性

(一)全球水资源形势

当前在全球范围内,水资源短缺、水污染等问题日益凸显。除了自然因素,人类活动也对水资源造成了严重影响,包括过度开采、工业废水排放等。这些问题不仅制约了经济社会的可持续发展,还导致了生态环境的恶化。

1.水资源短缺问题日益凸显

当前,全球范围内水资源的供需矛盾愈发尖锐。众多地区面临着水资源短缺的威胁,一些国家和地区甚至出现了水荒现象。水资源短缺直接影响居民的日常生活、农业生产和工业发展,制约了社会的可持续发展。

2.人类活动对水资源的影响

水污染、过度开采等人类活动对水资源造成了严重影响。工业废水、农业废水排放及城市污水的排放,加剧了水体污染问题,使得可用的清洁水资源减少。过度开采导致地下水位下降,进一步加剧了水资源的紧缺局势。

3.生态环境的恶化

水资源紧缺加剧了环境问题,贫困地区面临的水资源匮乏使得居民难以获得足够的清洁饮用水,影响居民的健康和生活质量。同时,生态环境遭受重大损害,湿地退化、生态系统失衡等问题引发了一系列环境灾难。

(二)城市化与农业、工业用水的竞争

随着城市化进程的不断推进,城市用水需求不断增加,而农业用水也同样需要大量的水资源。城市和农业用水的竞争愈发激烈,如何对有限的水资源进行合理分配,成为水利工程管理面临的重大难题。此外,工业生产对水的需求不可忽视,加大了水资源分配的难度。

1.城市化进程中用水需求增加

城市化的快速推进导致了城市用水需求的持续增加。城市人口的增加、工业发展和生活方式的变化,使得城市对水资源的需求日益迫切。城市的发展与水资源供应之间的

矛盾不断加剧,对城市供水系统提出了更高要求。

2.农业用水的关键问题

农业是水资源的主要利用领域之一,农业用水面临着竞争和限制。农田灌溉需求与城市用水、工业用水需求之间的竞争愈发激烈,如何实现农业用水的高效利用成为一个重要问题。农业用水的可持续性不仅关系粮食生产,还关系农村经济和社会稳定。

3.工业生产对水资源的挑战

随着工业化进程的不断推进,工业生产对水资源的需求也在增加。各类工业生产需要大量的水资源作为原材料、冷却剂等,对水资源的需求量不容忽视。工业用水需求与其他用水领域的需求之间的平衡,是未来的重要课题。

(三)可持续发展的呼声

随着可持续发展理念日益深入人心,水资源的可持续利用变得至关重要。如何在满足当前需求的基础上,保护好未来的水资源供应,是一个兼顾经济、社会和环境的复杂问题。水利工程管理需要在可持续性和综合性之间寻找平衡点,以推动可持续发展。

1.可持续发展的理念与挑战

在全球范围内,可持续发展的理念日益受到重视。如何在满足当前需求的前提下,保护水资源、维护生态平衡,是一个巨大的挑战。水资源管理需要在经济、社会和环境之间寻找平衡,实现可持续发展的目标。

2.综合性和可持续性的管理模式

水资源管理不再是单一领域的问题,而是需要综合多学科的知识和技术。如何将水资源的规划、利用、保护等各个环节有效整合,实现资源的可持续利用,是当前水利工程管理亟须解决的难题。

3.水利工程管理的角色与责任

水利工程管理在可持续发展中扮演着重要的角色,既需要满足社会经济的需求,又需要保护环境、维护生态平衡。如何在水资源管理实践中充分权衡社会、经济和环境的关系,是未来的关键问题。

当前,水资源管理的紧迫性和复杂性问题,涵盖了全球水资源形势、城市化与农业用水的竞争以及可持续发展的呼声。这些问题不仅直接影响人类的生存与发展,还需要水利工程管理者在实践中积极探索解决途径,为未来的水资源可持续利用提供支持和保障。

三、环境变化对水利工程的影响与需求

(一)气候变化与水资源

1.气候变化导致的水资源挑战

全球气候变化导致的降水模式变化,直接影响水资源的分布和供应。气候变化使得一些地区干旱问题更加严重,同时引发了极端降雨和洪水事件,给水资源管理带来新的挑战。

2.冰川融化与水资源供应

气候变暖导致全球冰川融化加速,作为一些地区重要水源的冰雪融水正逐渐减少。冰川退缩不仅影响水资源的稳定供应,还可能导致河流径流的变化,影响下游生态系统和社会经济发展。

3.干旱与水资源管理

气候变化加剧了干旱的发生和持续时间,使得一些地区面临严重的水资源短缺问题。干旱对农业、生态环境和社会稳定产生了重大影响,需要采取合理的水资源管理措施来应对挑战。

(二)自然灾害与水利工程的安全

1.自然灾害对水利工程的威胁

自然灾害如洪水、地震、山体滑坡等对水利工程的威胁日益突出。洪水可能导致堤坝决口、水库泄洪等灾害,地震可能破坏工程的结构安全,山体滑坡等地质灾害则影响工程的稳定性。

2.抗灾能力的提升

面对自然灾害的威胁,水利工程管理需要注重提升工程的抗灾能力。抗洪设计、地震安全性评估、抗滑坡技术等都是保障工程安全的关键措施,以应对灾害带来的挑战。

3.精细化管理与风险评估

自然灾害的不确定性需要工程管理更加科学化和精细化。利用先进的风险评估技术,预测自然灾害可能对工程造成的影响,采取相应的措施减轻灾害损失。

(三)应对环境变化的新技术需求

面对环境变化带来的挑战,水利工程管理需要借助新技术来应对。从智能监测、预警系统到新材料的应用等,都有望为工程的稳定性和安全性提供更好的支持。如何将这些新技术有效地融入管理实践,成为一个亟待解决的问题。

1.智能监测与预警系统

新技术在环境变化应对中发挥着重要作用。智能监测技术可以实时收集水文、气象等数据,提供灾害预警信息,有利于及早做出应对决策,减轻灾害带来的损失。

2.新材料在工程中的应用

新材料的应用为工程的抗灾能力提供了新的支持。抗震材料、防洪材料等的研发和应用,可以提高工程的抗灾性能,减少自然灾害带来的破坏。

3.技术融合与创新

环境变化带来的挑战需要多学科的协同合作和技术融合。数字孪生技术、人工智能等在水利工程管理中的应用,有望为工程稳定性和安全性提供更好的支持。

本节通过分析水利工程管理的演变与挑战、当前水资源管理的紧迫性与复杂性,以及环境变化对水利工程的影响与需求,揭示了水利工程管理研究的重要性和紧迫性。这些问题的存在为深入研究水利工程管理提供了实践动力。

第二节 研究目的与意义

一、提升水利工程项目管理效能的重要性

水利工程项目的成功实施离不开高效的项目管理。在项目生命周期内,如何合理规划、科学决策、精细管理,直接影响工程的质量、进度和成本。通过深入研究项目管理的方法与经验,可以提高项目管理效能,降低风险,保障工程顺利推进。

(一)高效项目管理的关键

水利工程项目规模庞大,涉及多学科,需要科学的项目管理来确保工程的成功实施。高效的项目管理能够合理配置资源、降低风险、提高效率,从而实现工程的质量、进度和成本的目标。

1.项目成功的关键因素

水利工程作为复杂多样的工程体系,其项目管理是否高效直接影响工程是否能够按时交付、在预算范围内完成,并达到预期的技术和质量标准。高效的项目管理是确保项目成功的关键因素之一。

2.合理配置资源与降低风险

高效项目管理能够确保资源的合理配置,包括人力、物资、资金等,从而提高资源利用效率。此外,项目管理也可以帮助识别、评估和降低项目风险,从而减少项目失败的可能性。

3.质量、进度、成本的综合平衡

水利工程项目需要在保证工程质量的前提下,合理控制工程进度和成本。高效的项目管理可以实现这三者的综合平衡,确保工程达到预期目标,同时不影响项目的可持续性。

(二)项目管理对工程综合能力的要求

1.多学科交叉的管理挑战

水利工程涵盖了规划、设计、施工、运营等多个环节,需要综合利用不同学科领域的专业知识和各种资源。项目管理者需要具备跨学科的综合素质,以便有效地协调各个环节,保证工程整体的协调运行。

2.全面的管理技能和知识

项目管理不仅涉及技术层面,还涵盖经济、法律、沟通等方面的知识和技能。项目管理者需要具备全面的管理能力,能够应对各种复杂的情况和问题,做出科学决策。

3.组织协调和团队领导能力

水利工程项目涉及多个参与者和利益相关者,项目管理者需要具备良好的组织协调和团队领导能力,以确保项目各方的合作和协调,推动项目顺利进行。

(三)项目管理在风险控制中的作用

1.建立风险评估与预警机制

水利工程常常面临自然灾害、社会变革等多种风险。在项目管理中,可以通过风险评估,识别潜在的风险因素,并建立预警机制,及早发现问题,采取应对措施,降低风险影响。

2.制订灾害应急与恢复计划

项目管理应当包含制订灾害应急与恢复计划,以应对自然灾害等突发事件。科学的应急预案,可以最大限度减少灾害对工程的影响,保障工程的安全稳定。

3.持续监测与改进

项目管理不仅是计划和执行的过程,还需要持续监测工程进展,并根据实际情况进行调整和改进。及时的监测可以及早发现问题并采取措施,确保项目正常推进。

高效的水利工程项目管理不仅可以确保工程的质量和效益,还可以降低风险、提高资源利用效率,从而为水利工程的顺利推进提供坚实的保障和支持。

二、实现水资源可持续利用的战略意义

水资源是人类社会发展的基石,实现其可持续利用是当今全球共同面临的挑战。研究如何合理分配、高效利用水资源,不仅关乎人类生存与发展,也关系生态平衡的维护。通过探索水资源管理与保护的策略,有助于实现水资源可持续利用,促进社会经济的健康发展。

(一)可持续水资源管理的重要性

1.生态与经济的平衡

水资源作为生态系统和经济发展的关键组成部分,其可持续管理直接影响生态与经济可持续性之间的平衡。合理利用水资源,既能满足人类的生活和经济需求,又能维护生态系统的稳定性和多样性。

2.资源短缺与供需挑战

全球范围内,尤其是在人口增长、城市化和气候变化等多重压力的影响下,水资源短缺的问题日益突出。因此,实现水资源的可持续利用以满足日益增长的水需求,避免资源枯竭和环境退化迫在眉睫。

(二)生态平衡的维护

1.生态系统的稳定性

水资源管理不仅关乎人类的经济利益,更关系生态系统的稳定性。适当的水资源管理可以保护湿地、水体生态环境,维护物种多样性,避免生态退化和生态灾害。

2.水环境保护

水资源的可持续利用需要关注水质保护。污染源的控制、水体净化和污水处理是维护水环境健康的重要手段,有助于保障水资源的可持续供应和社会的健康发展。

(三)社会经济的健康发展

1.农业、工业与城市的协调发展

水资源作为农业、工业与城市等多个领域发展的基础,其合理配置和可持续利用对于各个领域的协调发展至关重要。通过科学管理水资源,可以促进各个领域的健康发展,避免资源的过度利用和浪费。

2.经济增长的支撑

水资源不仅是农田灌溉的基础,也是工业生产、能源生产和城市发展的重要保障。合理的水资源管理有助于稳定经济增长,推动产业结构的优化和升级。

3.社会稳定与可持续发展

可持续的水资源管理有助于保障社会的稳定和可持续发展,在水资源充足的基础上,可以减少社会的不稳定因素,促进社会的和谐与繁荣。

实现水资源的可持续利用不仅是当代的战略任务,也是对未来世代负责的选择。通过科学研究和有效的管理,可以实现水资源的长期可持续利用,维护生态平衡,促进社会经济的健康发展。

三、推动水利工程创新与发展的动力

水利工程领域蕴含着丰富的创新机遇,从新材料的应用到智能化技术的引入,都有可能为工程的发展注入新的活力。研究如何促进技术创新、推广新理念,有助于引领水利工程领域的发展方向,为行业的可持续创新注入动力。

(一)创新驱动的发展模式

1.不断适应社会需求

水利工程作为服务于人类社会的基础设施,需要不断地适应社会和经济的发展需求。创新可以从满足新的需求、解决新的问题中获得动力,推动工程领域的持续发展。

2.管理模式的革新

除了技术创新,管理模式的革新也是推动水利工程发展的重要因素。引入现代管理理念和方法,如项目管理、信息化管理等,可以提高工程管理效率,降低风险,推动工程进步。

(二)技术引领的可持续发展

1.新技术的应用

水利工程领域涉及多学科新技术,如新材料、智能感知、数字孪生等,这些新技术的应用可以改变工程设计、施工和运营的方式,提升工程的效率和质量。

2.环保与可持续性

新技术的引入可以帮助实现水利工程的环保和可持续性目标。例如,通过智能化监测系统可以及时发现水污染和水质异常,实现水环境的动态监控和保护。

(三)行业未来发展方向的引导

1.创新研究的前瞻性

通过深入研究行业内的创新需求和趋势,可以为水利工程领域指明未来的发展方向。例如,结合新能源和节能技术,推动水电站的绿色发展,满足清洁能源的需求。

2.推广新理念与方法

除了技术创新,新的管理理念与方法也能够为行业的发展注入新的动力。例如,推广可持续发展理念,将生态环境保护纳入工程设计和管理中,促进工程的可持续发展。

3.跨学科合作与知识创新

水利工程领域涉及多学科交叉,鼓励跨学科的合作与知识创新,有助于在不同领域融合创新思想,为工程的发展开辟新的道路。

通过推动水利工程的创新与发展,可以不断提升工程的效率、质量和可持续性,为行业的可持续创新注入新的动力,引领水利工程领域迈向更加光明的未来。

第三节　研究范围与内容

一、不同类型水利工程的涵盖范围

研究范围涵盖水利工程领域的多个子领域,包括但不限于水资源管理、水利工程规划与设计、施工及运营管理等。从小型水源工程到大型水利枢纽,都在研究范围之内。

（一）水资源管理领域的研究范围

水资源调查与评价：分析水资源的分布、数量、质量等特征，为其合理利用提供数据支持。

水资源规划与分配：制订区域性水资源规划，合理配置水资源，满足多重需求。

水资源监测与保护：建立监测体系，实时掌握水资源变化情况，采取措施保护水环境。

（二）水利工程规划与设计领域的研究范围

大型水利枢纽设计：研究大坝、水库、引水渠道等的结构设计与安全性评估。

小型水源工程规划：探索小水库、山塘等小型水源工程的规划和建设策略。

多功能性水利工程设计：研究如何将水利工程与生态、旅游等产业融合，实现多样化发展。

（三）水利工程施工与运营管理领域的研究范围

施工质量与安全管理：探讨施工过程中的质量控制、安全保障措施。

设备维护与管理：研究水利工程设备的维护、保养和更新策略。

运营效率提升：研究借助信息化手段，优化工程的运行管理，提高效率和安全性。

（四）水利工程环境与可持续发展领域的研究范围

水环境保护与生态恢复：研究水利工程对水环境的影响，提出保护与恢复策略。

社会经济效益评估：分析水利工程的社会经济影响，评估工程对当地发展的贡献。

可持续发展策略：研究如何在工程建设与运营中平衡经济发展和生态保护。

（五）水利工程信息化管理领域的研究范围

智能监测与数据分析：研究传感器技术、大数据分析等在水利工程中的应用。

数字孪生技术：探索将物理工程与数字模型相结合，实现工程状态监控与预测。

智能决策支持系统：研究开发辅助决策的信息化工具，提高管理决策效率。

（六）水利工程风险与应急管理领域的研究范围

风险评估与预警机制：研究工程面临的自然和人为风险，建立风险评估体系。

应急预案与响应机制：制订灾害发生时的应急预案，确保及时有效应对。

风险管理策略：研究如何降低工程风险，提高抗灾能力，确保工程安全稳定。

（七）水利工程可持续发展与创新管理领域的研究范围

可持续发展目标：研究如何在工程中践行可持续发展理念，实现经济、社会、环境的协调发展。

技术创新与应用：探索新材料、新技术在水利工程中的应用，提升工程质量和效率。

创新管理方法：研究管理创新，如团队协作、信息化管理等，推动工程管理现代化。

二、研究内容的深度与广度

研究内容的深度与广度围绕着水利工程领域的各个子领域展开，以全面解决实际问题为目标。

（一）水资源管理领域

1.深度

深入分析不同地区的水资源供需情况，探讨水资源短缺的原因和应对策略。研究如何建立水资源数据库,制订科学的水资源分配方案。

2.广度

涵盖不同类型水源,包括河流、湖泊、地下水等,分析其水质特点和污染问题。探讨跨界水资源管理、流域协调等多层次合作模式。

(二)水利工程规划与设计领域

1.深度

深入研究大坝、堤防等工程的结构安全性,探讨新材料的应用和工程抗震设计等。针对小型水源工程,考虑其可持续性和生态影响。

2.广度

涵盖不同规模的工程,从小型水库到大型水利枢纽,探讨其不同规划和设计要点。考虑多功能性,如兼顾供水和生态。

(三)水利工程施工与运营管理领域

1.深度

深入研究施工过程中的质量管理、安全控制等关键问题,探讨如何采用先进技术提高工程施工效率。

2.广度

涵盖不同工程阶段,从施工到运营全过程,分析如何合理调配人力、物资和资金,确保工程顺利进行。

(四)水利工程环境与可持续发展领域

1.深度

深入研究水利工程对生态环境的影响,提出具体的保护和修复措施。探讨环保技术在工程中的应用。

2.广度

涵盖从山区到平原的不同地理环境,探讨工程在不同地理环境下的适应性和影响。

(五)水利工程信息化管理领域

1.深度

深入研究数字孪生技术在工程管理中的应用,分析如何利用模拟数据进行工程状态监测与优化。

2.广度

涵盖不同类型水利工程,从水库到渠道,分析不同工程的信息化管理需求和方案。

(六)水利工程风险与应急管理领域

1.深度

深入研究水利工程面临的各种风险,如洪水、地震等,制定相应的应对策略。

2.广度

涵盖不同地区的水利工程,从山区到平原,分析不同地区的风险特点和应急需求。

(七)水利工程可持续发展与创新管理领域

1.深度

深入研究水利工程与社会经济发展的关系,探讨如何在保障社会需求的同时实现生态平衡。

2.广度

涵盖不同国家和地区,研究不同背景下的可持续发展策略和创新管理经验。

通过深入的理论研究和实际案例分析,本研究将提供具体的解决方案和实践经验,为水利工程领域的发展提供有力的理论指导和实际应用支持。这将有助于推动水利工程管理的现代化和可持续发展。

第二章 水利工程规划与设计管理

第一节 水利工程规划管理

一、规划在水利工程中的引导作用

水利工程规划作为项目的起点,具有重要的引导作用。在规划阶段,通过系统性的分析和综合考虑,可以明确工程的目标、范围、资源需求等关键要素,为后续的设计、施工、运营提供有力支持。随着社会需求的变化和技术进步,规划的科学性和前瞻性显得尤为重要。

(一) 规划在项目管理中的关键地位

水利工程规划作为项目管理的起点,扮演着至关重要的角色。它不仅是项目全生命周期的基础,还决定了项目的方向、目标和愿景。规划阶段的决策将直接影响后续各个阶段的执行和效果,因此规划在项目管理中占有不可替代的关键地位。

1.规划的战略性定位

水利工程规划在项目管理中具有战略性的定位。规划阶段是决定工程方向、目标和愿景的关键时期,它为整个项目的发展指明了前进方向。通过制订明确的规划,项目团队可以在后续的各个阶段中有针对性地制定措施,确保项目能够顺利实施并达到预期效果。

2.规划是项目全生命周期的基础

水利工程规划作为项目全生命周期的基础,为项目的每个阶段提供了指导和支持。规划阶段的决策内容将贯穿整个项目的进程,从设计、施工到运营,都需要依据规划来进行。因此,规划的科学性和准确性对于项目整体的成功至关重要。

3.规划决定项目方向和目标

规划阶段的决策将决定项目的方向和目标。在这个阶段,项目团队需要明确项目的愿景、使命及具体的目标。这些目标将成为项目各个阶段的指导原则,对于工程的执行、监控和评估都有重要影响。通过明确的规划,项目可以更加有序地进行,避免盲目性和随意性。

4.规划是后续阶段执行的基础

规划阶段的决策内容将为后续的项目执行奠定基础。在设计阶段,规划的内容将指导工程的具体设计方案。在施工阶段,规划将为施工计划的制订提供依据。在运营阶段,规划将影响工程的维护和管理。因此,规划的准确性和全面性对于项目后续的执行至关重要。

(二) 系统性分析与综合考虑

规划阶段需要对水利工程涉及的多个方面进行系统性分析和综合考虑。这包括对水资源的充分了解,对工程的技术可行性和环境影响的综合评估,以及对社会经济因素的考虑。通过综合考虑不同要素,规划可以为工程的整体框架和方向提供清晰的指导。

1.水资源的综合管理

规划阶段需要对水资源进行系统性分析和综合考虑,以确保合理地利用和管理。这包括对水资源的数量、分布、质量等方面进行全面了解,为工程的水资源调配和利用提供依据。通过深入分析水资源的可持续性和供需平衡,规划可以为工程的实施提供可靠的水资源保障。

2.技术可行性与环境影响评估

在规划阶段,需要对工程的技术可行性进行综合评估,以确保工程方案的可行性和可靠性。这涉及对不同技术路径的比较和分析,从而选择出最为适合的技术方案。同时,需要考虑工程的环境影响,如水生态系统的保护、水质的维护等。通过综合考虑技术和环境因素,规划可以制订出具有可持续性的工程方案。

3.社会经济因素的考虑

水利工程不仅是技术问题,还涉及社会和经济因素。规划阶段需要综合考虑社会的需求、经济的可行性,以及项目对当地社区的影响。通过充分了解社会经济环境,规划可以制订出更具针对性和可操作性的工程方案,从而实现社会经济效益的最大化。

4.多学科交叉的综合分析

水利工程涉及多个学科领域,需要进行跨学科的综合分析。这包括工程技术、自然科学、社会科学等多个方面。规划阶段需要将不同领域的知识进行整合,形成全面的分析结果。通过综合分析不同学科的内容,规划可以制订出更具全面性和科学性的工程方案。

(三)关键要素的明确与落实

在规划阶段,需要明确工程的关键要素,包括工程目标、工程范围、资源需求、时间计划等。这些要素为后续的设计、施工、运营等阶段提供了支撑。规划阶段的详细规划将帮助团队更好地理解项目的需求,并有利于协调各个阶段的工作。

1.工程目标的明确

在规划阶段,明确工程的目标是至关重要的。工程目标直接关系工程的意义和价值,决定了工程实施的方向和重点。通过明确工程目标,规划可以为后续的工作提供明确的指引,确保各个阶段的工作都朝着实现目标的方向进行。

2.工程范围的明确定义

工程范围的明确定义对于工程的成功实施至关重要。规划阶段需要明确界定工程的边界,确定工程的具体内容和涉及的领域。这有助于避免工程范围的不清晰导致的工程偏离和效果不佳的问题。

3.资源需求的分析与规划

工程的实施需要各种资源的支持,包括人力、物力、财力等。在规划阶段,需要对所需资源进行详细的分析和规划,以确保工程能够顺利进行。资源需求的明确可以帮助工程团队做出科学的资源配置决策,避免资源浪费和短缺。

4.时间计划的制订

时间计划的制订是确保工程按时完成的关键。规划阶段需要根据工程的性质和目标,合理制订时间计划,明确各个阶段的工作安排和时间节点。时间计划的明确可以帮助工程团队合理安排工作进度,避免时间延误对工程的影响。

（四）规划的影响因素和应对策略

社会需求和技术进步是不断变化的,这使得规划阶段的前瞻性变得尤为重要。随着人们对水资源利用的期望不断提高,规划需要能够预测未来的需求并进行相应调整。此外,随着新技术的出现,规划还需要考虑如何融入这些新技术以提升工程的效率和可持续性。

1.社会需求的变化对规划的影响

社会需求是水利工程规划中的重要驱动因素之一。随着社会发展和人们对水资源利用的期望不断提高,规划阶段需要具备前瞻性,能够预测未来的需求变化并进行相应的调整。例如,随着城市化进程的加速,城市用水需求不断增加,规划需要充分考虑如何满足这些新的需求,以保障城市的可持续发展。

2.技术进步对规划的挑战与机遇

技术进步在水利工程领域中发挥着重要作用,不断为工程实施提供新的解决方案和工具。在规划阶段,需要考虑如何充分融入新技术,以提升工程的效率、可持续性和创新性。例如,智能水资源监测技术、数字化建模技术等可以帮助规划者更准确地预测水资源的变化和需求,从而优化工程规划。

3.前瞻性的规划策略

面对社会需求和技术进步的变化,规划阶段需要采取前瞻性的策略。这包括建立灵活性的规划框架,能够随时调整和优化规划方案以适应变化的需求和技术。同时,规划者需要密切关注社会变化趋势和技术发展,保持敏感性,及时调整规划策略,确保工程始终与时俱进。

二、规划与可持续发展的关系

水利工程规划不仅需要满足当前的需求,还要考虑未来的可持续发展。规划应从经济、社会、环境等多个维度出发,平衡各种利益,确保工程在长期内具有稳定的效益。规划阶段的合理决策对工程的可持续发展起到了关键性作用。

（一）未来发展需求的预测与平衡

水利工程规划不仅关注当前的需求,更要考虑未来的发展需求。这就要求规划在满足当前需求的同时,预测未来可能出现的变化,并在设计阶段就加以考虑,以避免工程在短期内达到设计极限而无法满足未来需求的问题。

1.考虑未来需求的重要性

水利工程的设计和建设往往需要相当长的周期,因此规划阶段必须充分考虑未来的发展需求。未来社会、经济、环境等方面的变化将对水资源的需求和分配产生影响,规划者需要预测这些变化并做出相应调整,以确保工程在长期内保持有效和可持续性。

2.预测未来需求的方法与工具

为了预测未来的发展需求,规划者可以借助多种方法和工具,如趋势分析、系统动态模拟等。通过对过去和现在的数据进行分析,可以描绘未来可能的发展趋势,从而更好地满足未来的需求。例如,对人口增长、城市化率变化、产业结构演变等进行预测,有助于更准确地预测未来的水资源需求。

3.设计中的平衡与灵活性

在规划阶段,要在满足当前需求的基础上,给未来的发展留出足够的空间和弹性。这包括在工程设计中考虑扩展性、可升级性,以及在技术选型时采用灵活性较高的方案。例如,在水库工程中,可以考虑设置预留位,以便未来根据需要进行扩容。同时,选择能够适应不同发展阶段的技术和设备,有助于降低后续升级和改造的成本。

(二)经济、社会、环境的多维平衡

水利工程的可持续发展需要在经济、社会和环境之间实现平衡。规划阶段需要综合考虑各种利益的关系,从经济效益、社会效益,以及生态效益三个方面进行权衡。合理的规划能够在不同领域之间找到平衡点,确保工程的可持续性。

1.综合考虑的重要性

水利工程的可持续发展要求在经济、社会和环境三个维度之间实现平衡。这是因为水资源的开发和利用不仅涉及经济效益,还涉及社会公平、环境保护等多个方面的问题。规划阶段需要综合考虑这些不同利益,以实现水利工程的可持续发展。

2.经济效益的平衡

水利工程的经济效益包括工程建设和运营的成本,以及带来的经济收益。在规划阶段,需要对投资回报率、成本效益比等进行评估,确保工程的经济可行性。同时,要考虑工程对当地经济的推动作用,以及对就业的影响,实现经济效益的最大化。

3.社会效益的平衡

水利工程的社会效益涉及社会公平、民生改善等方面。在规划阶段,需要考虑工程对当地居民生活质量的提升,是否能够为社会创造更多的就业机会,以及是否能够促进社会公平和发展。例如,一座水库不仅可以提供水资源,还可以防洪抗旱、改善灌溉条件,从而提升农村地区的社会效益。

4.环境效益的平衡

水利工程的开发往往会对环境造成影响,如水源地的破坏、水生态系统的改变等。在规划阶段,需要进行环境影响评价,找到减小对环境影响的方法。同时,可以通过生态修复等手段来弥补工程建设对环境的影响,实现环境效益的平衡。

(三)前瞻性决策的影响

规划阶段的决策对水利工程的可持续发展产生深远的影响。这些决策涉及工程的选址、类型、设计等方面,将直接影响工程在未来几十年内的运行效果、经济效益和生态效益。在规划阶段做出前瞻性决策,对工程的可持续性和成功实施至关重要。

1.选址决策的影响

工程的选址是一个关键的前瞻性决策,它不仅影响工程的运行效果,还会影响周边社会和环境。例如,水库的选址决定了水库的蓄水容量、防洪效果等。一个合理的选址决策可以最大程度地发挥工程的功能,提高经济效益和社会效益。不恰当的选址可能导致生态破坏等问题。

2.工程类型的选择

在规划阶段,需要根据工程目标和需求选择合适的工程类型。例如,针对水资源供应问题,可以选择建设输水工程或水库工程。工程类型的选择将影响到工程的投资规模、技术难度,以及未来的运行维护成本。因此,需要在规划阶段充分考虑不同工程类型的优劣,以便做出有利于长期发展的决策。

3.设计的前瞻性

规划阶段的设计决策涉及工程的结构、尺寸、技术参数等。一个具有前瞻性的设计决策可以使工程在未来应对更多的挑战和需求。例如,预留一定的扩展空间,可以使工程在未来需要扩建时更加便捷,降低后续扩建的成本和影响。

水利工程规划在项目管理中具有重要的引导作用,能够通过系统性分析和综合考虑明确工程要素,为工程的可持续发展奠定基础。规划不仅要关注当前需求,更要考虑未来的发展需求,并在经济、社会、环境等多个维度上实现平衡,以实现工程的可持续发展目标。

三、规划阶段的关键管理要点

规划阶段在水利工程项目管理中具有关键作用,其成功与否将直接影响整个项目的实施效果和可持续性。以下深入探讨规划阶段的关键管理要点,包括需求分析与定位、多学科协调与整合、技术与经济的权衡。

(一)需求分析与定位

1.充分了解各方需求

在水利工程项目的规划阶段,需求分析是确保项目成功的基础。这需要通过多种手段深入了解各方的需求,从而制订出切实可行的项目目标和方案。

1)市场调研与社会调查

这些调研手段可以帮助项目团队了解当地和全球水资源利用的趋势,从而为项目的定位提供数据支持。通过问卷调查、访谈等方式,获取社会大众对水资源利用的期望和关切。

2)利益相关者参与

需要识别并与项目各类利益相关者进行沟通。政府、社会组织、专业机构、居民等都可能是项目的利益相关者,他们的需求和意见对于项目的定位至关重要。

3)综合多方数据

需要综合分析从不同来源获取的数据和信息,以获取更全面的需求信息。社会、经济、环境等多个领域的数据都可能影响项目的定位。

2.与社会发展紧密结合

1)社会发展目标

项目的定位需要与当地社会发展的目标紧密结合。例如,当地可能有关于水资源合理利用、生态环境保护等的发展目标,项目应在这些目标的指引下进行定位。

2)可持续性考虑

项目的定位要考虑长远的可持续性。除了满足当前社会需求,还要考虑未来几十年甚至更长时间内的需求变化,确保项目在未来也能继续发挥作用。

3)经济推动

合理的水利工程项目定位可以推动当地经济的发展。例如,通过引入新技术、提供就业机会等方式,促进当地经济的增长。

需求分析与定位是规划阶段的首要任务。通过充分了解各方的需求,从市场调研、社会调查到利益相关者参与,项目团队可以确定项目的目标和方向。同时,与社会发展紧密结合,考虑可持续性和经济推动,能够确保项目定位与社会需求相契合,实现项目的成功。

(二)多学科协调与整合

1.跨学科团队合作

水利工程规划是一个复杂的任务,涉及多个学科领域的知识与技术。水文学、地质学、环境科学等学科在水利工程的规划中起着关键作用。跨学科团队合作是确保项目综合考虑的重要途径,有助于更全面地分析问题、制定方案并实施项目。

1)跨学科团队的构成与作用

跨学科团队通常由来自不同领域的专家组成,例如水文学家、地质学家、生态学家、经济学家等。他们各自拥有独特的专业知识,能够从不同角度审视工程规划的各个方面。团队成员的合作可以确保项目的综合性,避免片面性的决策。

2)跨学科团队的优势与挑战

跨学科团队合作带来了诸多优势。不同学科的专家能够共享知识,促进交流与合作,从而为规划提供更全面的信息;团队成员可以相互协调,确保各个方面的考虑得以平衡,避免出现因偏颇观点导致的问题。同时,团队合作也面临挑战,如沟通障碍、专业术语不同等,需要适当沟通与协调。

以某水利工程规划为例,一个跨学科团队由水文学家、地质学家、环境科学家和社会经济学家组成。水文学家分析了区域的降雨特点,地质学家评估了地质条件,环境科学家研究了生态影响,社会经济学家分析了项目的可行性。团队共同制订了一个综合规划,确保水资源的合理利用,同时保护生态环境和社会可持续发展。

跨学科团队合作是水利工程规划中不可或缺的一部分。它能够整合各个学科的专业知识,从而制订更综合、更全面的规划方案,确保项目的可持续性和综合效益。在未来的水利工程规划中,跨学科团队的合作将更加重要,需要加强合作与交流,解决团队合作中可能出现的问题,为水资源管理与利用提供更好的解决方案。

2.综合性决策

水利工程规划不仅是技术问题,还涉及社会、环境和经济等多个方面。综合性决策要求将各种因素综合考虑,以达到整体最优的规划方案,同时避免单一因素主导的片面决策。

1)综合性决策的重要性

综合性决策能够避免局部最优但整体不佳的结果。在水利工程规划中,如果只关注经济效益而忽视生态环境,短期内可能会获得利润,但长期内可能引发生态灾难,造成更大的损失。综合性决策能够平衡各种因素,实现多方面的利益最大化。

2）综合性决策的实现

实现综合性决策需要建立科学的评价体系,将各个因素量化并进行权衡。例如,可以使用环境影响评价、社会效益评估等方法,对环境影响、社会影响和经济效益等因素进行综合分析,得出合理的决策。

3）综合性决策面临的挑战

在实践中,综合性决策面临挑战。不同因素之间可能存在矛盾、不易权衡,而且某些因素可能难以量化,如生态系统的价值。此外,利益相关者的不同意见也可能影响综合性决策的制定。

以某水库建设项目为例,综合性决策要求综合考虑水库的供水功能、防洪功能、生态保护功能等因素。在决策过程中,专家团队采用多指标评价方法,对各个因素的权重进行确定,并通过模拟预测不同方案的影响,最终确定了一个在保证供水和防洪功能的基础上,最大限度保护生态环境的方案。

综合性决策在水利工程规划中具有重要作用。它能够协调各种因素,避免偏颇和局限性,实现多方面的平衡,从而达到长期可持续发展的目标。虽然综合性决策可能面临挑战,但通过合理的评估方法和权衡,可以有效地制订出综合性决策方案,促进水利工程的可持续发展。

(三)技术与经济的权衡

1.技术可行性

在水利工程规划中,选择适用的技术方案是确保工程顺利实施的关键一步。不同的技术方案可能会直接影响工程的可行性、效率和长期运行维护。因此,在规划阶段需要对各种技术方案进行评估,以确保选取的技术能够满足项目的实际需求。

1）技术评估的方法与指标

技术评估需要综合考虑多个因素,包括技术成熟度、适用性、可靠性、环境影响等。可以采用定性和定量方法,例如技术可行性分析、风险评估等,来评估不同技术方案的优劣。

2）技术与项目需求匹配

选取的技术方案应与项目的实际需求相匹配。例如,在水库工程中,技术方案应考虑库容需求、抗洪能力、供水效率等因素。确保技术方案不仅在技术上可行,还能够满足工程的基本目标和要求。

以某水电站建设为例,技术团队评估了不同发电技术方案,包括水力发电、风力发电等。通过对比不同技术方案的发电效率、可靠性,以及对环境的影响,最终选择了水力发电技术方案,因为它既能够满足能源需求,又具有较高的可靠性和较好的环保性。

技术可行性评估是水利工程规划的基础,它确保了选取的技术方案在实际应用中能够达到预期效果。通过科学的评估方法和综合考虑不同因素,可以为工程的技术选择提供有力支持。

2.经济效益评估

经济效益评估是决策过程中不可或缺的一部分。虽然技术方案可能在技术上可行,但如果其经济成本过高或无法产生足够的经济效益,可能会影响项目的可持续性和投资回报。

1）评估内容与指标

经济效益评估包括多个方面，如投资成本、运营成本、回收期、净现值等。需要综合考虑项目的全生命周期，从初期投资到长期运营和维护，分析项目的经济效益是否能够达到预期目标。

2）技术与经济的平衡

在技术选择中，需要在保证技术先进性的基础上，合理控制经济成本。有时，最先进的技术可能会带来较高的投资成本，随着技术的成熟和应用，运营成本可能会降低，从而实现长期的经济效益。

3）风险与不确定性的考虑

经济效益评估还需要考虑风险与不确定性。不同技术方案的经济效益可能会受到市场波动、政策变化等因素的影响。因此，在评估中需要进行风险分析，制定相应的风险应对策略。

以某水资源调配项目为例，对不同供水技术方案进行了评估，包括传统引水工程和新型蓄水技术。通过对比投资成本、供水效率、长期维护成本等因素，选择了新型蓄水技术，虽然初期投资较高，但由于其高效的供水能力和较低的运营成本，实现了更好的经济效益。

经济效益评估在技术方案选择中具有重要作用，它确保了选取的技术方案不仅具备技术可行性，还能够在经济上实现可持续性。通过综合考虑投资成本、运营成本、风险等因素，可以为水利工程规划提供科学的决策依据，实现技术与经济的最佳平衡。

在水利工程项目管理中，规划阶段的关键管理要点决定了项目的方向和基础，对于项目的可持续发展具有至关重要的影响。通过充分的需求分析、多学科协调，以及技术与经济的权衡，可以确保在项目规划阶段做出科学合理的决策，为后续的设计、施工、运营等阶段奠定坚实的基础。

第二节　水利工程设计管理

一、设计的重要性和作用

设计是水利工程全生命周期中的关键环节，直接影响工程的质量、效益和可持续性。它涵盖了工程方案的制订、技术参数的确定、施工图的编制等多个方面，决定了工程从规划到实施的全过程。

（一）设计的意义及依据

1.设计决策的关键性

设计是水利工程全生命周期中的重要决策环节。在这个阶段，工程的基本框架、技术路线、具体参数等将被确定，这些决策将深刻地影响整个工程的质量和效益。

2.工程方案制订的基础

设计阶段的工作是制订工程方案的基础。在这个阶段，工程的总体布局、结构类型、技术路径等方面的决策将被确定。这些决策将直接影响工程后续的实施和运营。

3.科学依据的形成

设计决策需要基于科学依据。通过充分的前期调研、数据分析和模型计算，设计团队可以获得工程所涉及的各种因素的准确信息,从而做出科学合理的决策。

(二)设计对质量与效益的直接影响

1.质量对工程全生命周期的影响

设计的质量直接影响工程的全生命周期。合理的设计能够确保工程的结构安全、功能完善和性能稳定,从而降低后续施工、运营和维护中可能出现的问题和风险。

2.经济效益的实现

设计对工程的经济效益产生直接影响。在设计阶段,科学合理的设计可以降低工程的投资成本和运营成本。合理的设计方案可以在保证工程质量的前提下,实现经济效益的最大化。

3.工程的可行性和可持续性

精心设计能够提高工程的可行性和可持续性。在设计中考虑经济、社会、环境等因素,可以确保工程能够长期保持稳定运行,不仅对当前社会有益,还不会对未来造成不良影响。

(三)设计中可持续性与环境影响的考量

1.可持续发展的要求

设计阶段应充分考虑可持续发展原则。这包括在工程设计中综合考虑经济、环境、社会等因素,以满足当前需求,同时不影响未来的需求。

2.环境影响的评估与规避

设计团队需要对工程的环境影响进行评估,并提出相应的规避措施。通过减少对自然环境的影响,可以保护生态系统的平衡,促进生态可持续性。

3.资源的合理利用

设计过程中应当考虑资源的合理利用。通过选择合适的技术和工程方案,可以减少能源消耗和资源浪费,从而减轻工程对环境的负担。

以某水库工程为例,设计团队在设计阶段充分考虑了对周边生态环境的影响,采取了生态恢复措施,保护了当地的生态系统。在工程的选址和设计中,充分考虑了水资源的合理配置,实现了水资源的可持续利用。

设计在水利工程中的重要性不仅在于决策的制定,还在于对工程质量、经济效益和环境可持续性的影响。通过科学的决策、合理的设计和环保意识的融入,可以实现工程的全面成功,给社会和环境带来正面影响。

二、设计与工程目标的一致

设计过程必须与工程的整体目标保持一致。无论是水利工程的安全性、环保性、经济性还是社会性,都需要在设计阶段进行全面考虑,以确保工程在后续的建设和运营中能够实现预期目标。

(一)全面考虑工程目标

1.工程目标的多维度性

1)多维度目标的定义

在水利工程设计中,工程目标不再局限于单一的技术目标,还涵盖了经济、环境、社会效益等多个维度。这些目标相互交织,相互影响,需要在设计过程中得到全面考虑,以确保设计方案能够在各方面达到最佳。

2)技术目标的考量

技术目标是水利工程设计的基础。工程应能够满足预期的功能、性能和技术要求,以确保工程的安全性、稳定性和可持续性。例如,水库工程应能够实现洪水调节、供水、发电等功能。

3)经济目标的权衡

经济目标在设计中具有重要意义。设计方案应当在实现技术要求的前提下,寻求最经济高效的方式,降低投资成本、运营成本,以提高工程的经济效益。这可能涉及技术选择、建设周期等因素的权衡。

4)环境目标的考虑

环境目标要求工程在实施和运营过程中减小对生态环境造成的影响。设计团队应当评估工程对水资源、土壤、生物多样性等的影响,采取相应的环保措施,保护生态平衡。

5)社会效益的综合

社会效益包括工程对社会的贡献,如就业机会、基础设施改善等。设计方案应当关注工程对当地社会的积极影响,避免可能的负面影响,促进社会可持续发展。

2.综合性目标的体现

1)不同领域的平衡

水利工程设计需要在不同领域间寻求平衡。例如,水资源利用与环境保护之间可能存在冲突,需要在设计中找到最佳平衡点,实现两者的协调发展。

2)技术与环境的融合

设计方案应当在技术和环境之间建立融合关系。例如,在水污染治理工程中,既要利用适当的技术手段净化水体,又要确保排放不会对水生态环境造成损害。

3)社会与经济的互动

设计方案应当将社会与经济考虑在内。工程的建设和运营将带来社会效益,同时需要满足经济可行性的要求,实现社会与经济的良性互动。

3.收益的最大化

1)多方面收益的追求

设计方案应当追求多方面的收益最大化。通过在不同目标之间取得平衡,设计可以实现技术、经济、环境和社会效益的最佳结合,为工程带来全面的增益。

2)协同效应的发挥

不同目标之间可能存在协同效应。例如,采用环保技术可以减少环境影响,同时也有可能降低运营成本,实现经济和环境的双重收益。

3)风险与不确定性的管控

综合性目标的追求还需要考虑风险和不确定性。设计团队应当充分评估不同方案可能面临的风险,制定相应的应对策略,确保多方面收益的实现不受不良因素影响。

以某水利枢纽工程为例,设计团队在平衡水资源利用和生态保护方面进行了深入研究。他们采用先进的水资源调度技术,实现了供水、发电等多重目标的协调推进,同时保护了下游生态环境。

水利工程设计中全面考虑工程目标是保证工程综合性能和价值的关键。通过在设计过程中平衡技术、经济、环境和社会等多个方面的目标,设计方案能够最大程度地实现多方面的收益,为工程的成功实施和可持续发展提供支持。

(二)技术、经济、环境三者的平衡

1.技术、经济、环境的三维平衡

1)多维度平衡的必要性

在水利工程设计中,技术、经济和环境是密切相关的三个主要维度。设计团队需要在这三者之间寻求平衡,以确保工程在技术可行性、经济效益和环境可持续性之间取得最佳的整合。

2)技术、经济、环境的关系

技术、经济和环境之间存在相互关联和相互制约的关系。技术的可行性为工程提供了实施的基础条件,经济效益影响着工程的可投资性,而环境则决定了工程的长期可持续性。

3)平衡点的确定

设计团队需要在不同维度之间找到平衡点,即在满足技术可行性的基础上,考虑经济效益和环境影响,以实现工程的综合性能。平衡点的确定需要综合进行各方面的权衡和取舍。

2.技术与经济的关系

1)经济可行性的前提

技术选择应当在经济可行性的范围内进行。虽然先进技术可能带来更高的投资成本,但若超出经济承受范围,可能导致工程难以实施。因此,技术选择必须与经济能力相匹配。

2)长期效益的考虑

尽管初期选择的技术可能增加投资成本,但在长期内,这些技术可能会带来更好的效益。例如,采用节能技术可能会增加建设成本,但在工程运营中可降低能耗,从而减少运营成本。

3)投资回报率的分析

设计团队可以通过投资回报率等指标来评估技术与经济之间的关系。选择具有较高投资回报率的技术方案有助于实现经济效益的最大化。

3.环境保护与可持续发展的关联

1)环境友好的设计

环境保护与可持续发展是设计中不可忽视的重要因素。设计方案应当充分考虑工程对环境的影响,采取措施减少水利工程对生态系统的破坏,以确保工程在可持续发展方面的成功。

2)生态系统服务的维护

环境友好的设计方案有助于维护生态系统提供的各种服务,如水资源供给、水质净化、自然景观保护等。这些生态系统服务对社会和经济的可持续发展具有重要作用。

3) 环境影响评估

设计团队应进行环境影响评估,分析工程对环境可能造成的影响。基于评估结果,可以采取相应的措施,降低环境风险,保障工程的可持续性。

在某水库工程的设计中,设计团队在保证水库功能的基础上,选择了水源涵养、湿地保护等环保技术。虽然投资成本增加,但在后续的生态服务价值中获得了长期经济效益。

在水利工程设计中,技术、经济和环境的平衡是保障工程可行性和可持续性的关键。通过在设计过程中合理考虑不同维度的影响,设计团队可以在保持技术可行性的同时,最大程度地实现经济效益和环境友好,从而为工程的成功实施和长期发展奠定坚实基础。

三、设计对风险管理的影响

设计阶段的科学性和合理性直接影响工程的风险管理。通过充分预测和评估可能的风险,设计团队可以在设计中引入相应的措施和策略,降低工程在后续生命周期中的风险和损失。

(一) 风险管理的必要性

1.设计阶段的风险管理意义

设计阶段是风险管理的重要时机。在工程实施之前,通过在设计中充分考虑可能出现的各种风险,可以为工程后续的实施、运营和维护提供科学合理的应对措施,从而降低风险对工程造成的不利影响。

2.风险管理与综合考虑

风险管理需要与工程的多维度目标综合考虑。设计阶段是决定工程各项因素的阶段,对于风险应考虑在技术、经济、环境等方面的综合影响,确保不会在解决一个问题的同时引发其他问题。

3.风险管理与全生命周期

设计阶段的风险管理不仅关乎工程的实施,还影响工程的全生命周期。合理的设计决策和风险管理能够降低工程的运营风险、维护风险,从而提高工程的可持续性。

(二) 风险预测和评估

1.全面的风险预测

设计团队应该进行全面的风险预测,覆盖可能影响工程的各个方面,包括自然因素(地质、水文、气候等)、技术因素、社会因素和政策因素等。

2.风险评估模型的建立

通过建立风险评估模型,设计团队可以量化不同风险情景的可能性和影响程度。模型可以基于历史数据、统计分析和专家判断,为风险的分析和评估提供科学依据。

3.风险对工程的影响程度评估

在风险评估中,不仅需要考虑风险的发生概率,还要评估其对工程的影响程度。这有助于确定哪些风险是高优先级的,以便采取更强有力的应对措施。

(三) 风险应对策略的制定

1.根据评估结果制定策略

根据风险评估的结果,设计团队应制定相应的风险应对策略。不同风险可能需要采取不同的措施,包括预防、减轻、转移、应急措施等。

2.具备灵活性与应变能力

设计阶段的风险应对策略应具备一定的灵活性和应变能力。由于工程实施过程中可能出现新的风险,风险应对策略需要根据实际情况进行调整和优化。

在某城市排水工程的设计中,设计团队充分考虑到可能出现的暴雨和洪水风险,建立了气象预警系统,可以提前预测暴雨情况,及时启动排水设备,减轻洪水对城市的影响。

设计阶段的风险管理是确保工程成功实施和运营的关键步骤。通过全面的风险预测、评估和应对策略制定,设计团队可以最大限度地减轻风险带来的不利影响,确保工程能够顺利达到预期目标。

第三节　水利工程设计全过程管理

一、全过程管理的定义

(一)全过程管理的内涵

1.综合性管理方法的概念

1)工程设计全过程管理的定义

水利工程设计全过程管理是一种综合性的管理方法,旨在贯穿工程设计的全过程,通过系统性的方法和策略,对工程设计的各个阶段进行全面、协调、有序地计划、组织、实施和控制,以实现工程设计高质量、高效率和可持续性的目标。这种管理方法不仅关注单个设计阶段,更强调不同阶段之间的紧密联系和协调配合。

2)综合性管理的意义

综合性管理方法强调整体性视角,促使设计团队从一个更广泛的角度思考问题,避免在单个阶段中局限于特定的技术要求。通过将各个环节有机地结合在一起,可以最大限度地优化工程设计,提高工程的综合性能和价值。

2.系统性方法的应用

1)整体系统观念

全过程管理要求将工程设计过程视为一个整体系统,而非孤立的个别阶段。设计团队应该意识到各个设计阶段之间的相互关联和相互影响,因此决策和调整应该综合考虑整个系统的影响。

2)协同效应

系统性方法的应用能够产生协同效应,即不同阶段之间的协调配合能够带来比单独优化每个阶段更好的结果。通过系统性的思考和规划,设计团队可以实现整个工程设计的最优化目标。

3.全面、协调、有序的要求

1)全面的考虑

全过程管理要求在每个设计阶段都进行全面的考虑,充分评估各种因素对工程设计的影响。从项目的初期到最终实施,设计团队应该对各个方面进行综合分析,确保不会忽略任何重要信息。

2）协调与信息流通

全过程管理要求各个设计阶段之间实现协调，确保信息的顺畅流通。这有助于避免因信息传递不畅引起的沟通障碍问题。设计团队应该建立有效的信息共享机制，确保信息能够及时传递到每个阶段。

3）有序地计划与组织

全过程管理强调有序地计划与组织。每个设计阶段都应该按照既定的计划进行，确保工程设计过程的顺利进行。同时，不同阶段之间的顺序也应该得到合理安排，以确保后续阶段能够建立在前一阶段的基础上。

全过程管理的内涵体现在综合性管理方法的应用、系统性方法的运用，以及全面、协调、有序的管理要求。通过将工程设计视为一个整体系统，综合考虑各个阶段的影响和关联，设计团队能够实现工程设计的优化，提高工程的质量和效益，最终达到可持续发展的目标。

（二）全过程管理的阶段

1.前期调研阶段

1）前期调研的重要性

前期调研阶段是水利工程设计全过程管理的重要起点。在这个阶段，设计团队需要深入了解项目的背景、需求、问题等，为后续的设计工作提供充分的信息支持。通过对项目背景的全面了解，设计团队可以更好地把握项目的定位和目标，为后续的设计方案制订提供有力指导。

2）数据采集与分析

前期调研阶段要求设计团队进行大量的数据采集与分析工作。这包括地质、水文、气象、社会经济等方面的数据，以全面了解项目所涉及的各种因素。通过对数据的深入分析，设计团队可以识别潜在的问题和挑战，为后续的方案设计提供科学依据。

2.方案设计阶段

1）多维度因素的综合考虑

方案设计阶段是决定工程整体方向的关键阶段。全过程管理要求在这个阶段充分考虑多维度的因素，如技术可行性、经济效益、环境影响等。设计团队应当权衡各种因素，制订综合性的设计方案，以达到在不同目标间的最佳平衡。

2）风险评估与优化

全过程管理要求在方案设计阶段引入风险评估。设计团队应当对各种可能的风险进行预测和评估，制定相应的应对策略。通过在方案设计阶段充分考虑风险，可以降低工程后续阶段的不确定性。

3.施工图设计阶段

1）技术准确性的要求

施工图设计阶段是将设计方案具体化的过程。全过程管理要求在这个阶段保持高度的技术准确性，确保施工图的细节准确、完整。这有助于避免因施工图不清晰或错误引起的施工问题。

2）协调性与一致性

全过程管理要求在施工图设计阶段保持协调性与一致性。设计团队应当确保施工图与前期的设计方案保持一致，避免在具体设计过程中偏离原始设计意图。此外，各个施工图之间也要协调一致，以确保施工的顺利进行。

4.施工实施与监测阶段

1）有效监测的重要性

在施工实施阶段，全过程管理要求对施工过程进行有效监测。设计团队需要确保施工按照设计要求进行，及时发现并解决可能出现的问题。通过监测，可以降低施工过程中的风险，保障工程质量。

2）风险管理和问题解决

全过程管理要求在施工实施阶段持续进行风险管理和问题解决。如果在施工中发现问题或风险，设计团队应当及时采取措施进行应对，以避免问题扩大化或影响工程的安全性和效益。

5.运营与维护阶段

1）可持续性的关注

全过程管理强调工程设计的可持续性，要求在运营与维护阶段保持关注。设计团队应当对工程的性能进行监测，及时发现问题，采取相应措施，以保障工程的长期可持续运行。

2）问题解决与持续优化

在运营与维护阶段，全过程管理要求持续进行问题解决和优化。设计团队应当及时响应运营中出现的问题，并根据实际情况进行调整和优化，以确保工程始终保持高质量和高效率。

通过对各个阶段的综合管理，全过程管理可以实现工程设计的全面优化，确保工程达到预期目标并保持长期的可持续性。

二、全过程管理的优势

（一）资源整合与信息流通

1.资源的综合利用

1）协调资源需求与供应

全过程管理通过将设计的各个环节紧密联系起来，使设计团队能够更好地协调资源需求与供应。不同阶段所需的人力、物力、资金等资源可以在全过程管理下得到合理调配，避免了某些阶段资源过剩而另一些阶段资源短缺的情况。资源的综合利用可以最大程度地提高资源的使用效率，降低成本。

2）优化资源配置

全过程管理强调综合考虑不同维度的因素，如技术、经济、环境等。在资源的分配中，设计团队可以根据各个因素的权重，进行资源的优化配置。这可以避免不必要的资源浪费，使资源得到最大程度的利用。

3）避免资源闲置与重复投入

通过全过程管理，设计团队可以避免资源的闲置和重复投入。在不同阶段的协调中，可以将一个阶段所产生的资源余额用于满足下一个阶段的需求，从而避免了资源的浪费和闲置。同时，避免了因为资源的重复采购而造成的额外成本。

2.信息的有机流通

1）信息共享与交流

全过程管理要求各个设计阶段之间实现信息的有机流通。设计团队可以通过信息共享和交流，确保每个阶段的设计团队了解前后阶段的工作进展和设计思路。这有助于避免因信息不畅通而导致的设计偏差和错误。

2）决策须基于全面信息

通过信息的有机流通，全过程管理可以确保设计团队在每个阶段做出决策时都基于全面的信息。这有助于避免片面决策，使设计方案更加全面、综合。同时，也可以减少后续阶段因为前期信息不足导致的问题。

3）降低信息传递误差

在全过程管理下，设计团队可以通过信息的有机流通降低信息传递的误差。设计团队之间的沟通和交流可以及时纠正信息传递中可能出现的错误和偏差，确保设计信息的准确性和一致性。

通过资源的综合利用和信息的有机流通，全过程管理可以实现设计团队之间的协同合作，避免资源浪费和信息断层，提高设计的效率和质量。

（二）资源的最优配置

1.成本的降低

通过全过程管理，设计团队可以更精确地评估各个阶段的资源需求，避免资源的浪费和过度配置。这有助于降低工程设计过程中的成本。

1）精确的资源需求评估

在水利工程设计中，成本是一个重要的考虑因素。通过全过程管理，设计团队可以更精确地评估每个阶段所需的资源，包括人力、物力、财力等。在前期调研阶段，全过程管理要求团队详细了解项目的需求和背景，收集必要的信息，以便在后续的方案设计、施工图设计等阶段更准确地确定所需的资源。这样，设计团队可以避免过度配置资源，从而降低工程设计过程中的成本。

2）避免资源的浪费

全过程管理要求在每个设计阶段都充分考虑资源的合理利用。通过对资源的精细规划和分配，设计团队可以避免资源的闲置和浪费。例如，在施工图设计阶段，如果能够准确评估材料的需求量，避免过量采购材料，就可以避免资源的浪费。这种资源的有效利用有助于降低工程设计过程中的成本，提高效率。

2.效益的提升

全过程管理能够使资源的配置更加合理，从而提高资源的利用效率。有效的资源管理有助于实现经济效益的最大化，提升工程的投资回报率。

1) 资源配置的合理性

全过程管理的一个显著优势在于它能够使资源的配置更加合理。设计团队在不同阶段充分考虑资源的需求和分配,可以避免资源的过度浪费和不足供应。例如,在前期调研阶段,通过深入了解项目需求,确定所需资源的类型和数量,可以避免在后续阶段因资源不足导致工程进度延误,从而提高资源的利用效率。

2) 协同合作的效益

全过程管理要求不同阶段之间实现协同合作,使各个环节之间的工作更加有机衔接。这种协同合作有助于优化工程设计流程,提高效率,从而实现经济效益的最大化。例如,在方案设计阶段,如果设计团队能够充分协同合作,集思广益,就有可能找到更具经济性的设计方案,从而降低投资成本,提升工程的投资回报率。

(三) 一致性和协调性

1.设计思路的一致性

全过程管理要求在水利工程设计的各个阶段保持设计思路的一致性。这意味着设计团队需要在整个设计过程中始终遵循相同的设计理念和目标,以保证工程设计的一致性。设计思路的统一可以确保工程在不同阶段不会出现设计思想的冲突,从而提高设计质量。例如,在方案设计阶段确定了工程的核心设计原则和目标后,后续阶段的设计工作应该与这些原则保持一致,以确保整体设计的连贯性和一致性。

2.技术要求的协调性

不同设计阶段往往涉及不同的技术要求,这些技术要求需要在整个设计过程中进行协调,以确保各个阶段之间的技术衔接顺畅。全过程管理要求设计团队在技术方案的选择、设计标准的制定等方面进行协调,以避免因技术标准不一致而造成的工程问题。例如,在施工图设计阶段,需要确保前期方案设计阶段确定的技术要求能够被准确地转化为施工图的设计要求,从而保证施工的顺利进行。

通过一致性和协调性的要求,全过程管理能够保障工程设计的整体优化。设计思路的统一和技术要求的协调可以避免设计阶段出现信息断层和设计思想的冲突,提高设计质量和工程的综合性能。同时,这也有助于减少后续阶段的变更和调整,降低工程的额外成本和风险,从而实现工程设计的高质量和高效率。

(四) 风险的有效控制

1.风险管理的嵌入

全过程管理在水利工程设计的每个阶段都可以引入风险管理和控制策略。这意味着设计团队需要在工程设计的各个阶段充分考虑可能存在的风险,并制定相应的应对措施。风险管理的嵌入可以通过以下方式实现。

1) 风险预测和评估

在每个设计阶段,设计团队都可以利用历史数据、专家意见和模型分析等方法,对可能存在的风险进行预测和评估。这有助于识别潜在的风险因素,为后续的决策提供数据支持。

2) 风险应对策略的制定

基于风险评估的结果,设计团队可以制定相应的风险应对策略。这些策略可以包括风险的减轻、转移、接受或避免等措施。例如,在水利工程中,针对可能的洪水风险,可以采取提升堤坝高度、加强排涝设施等措施。

3）风险监测和控制

在工程实施的过程中，全过程管理要求对风险进行持续的监测和控制。这可以通过定期的风险评估、数据采集和分析等手段实现。如果出现风险情况，设计团队可以迅速采取措施进行应对，以减轻风险的影响。

2.问题的及时解决

通过全过程管理，设计团队可以在工程设计的每个阶段及时发现问题，并采取相应的措施加以解决。这有助于避免问题的累积和扩大，保障工程的质量。解决措施包括以下几个方面。

1）持续监测与反馈

全过程管理要求在工程实施过程中持续进行监测，及时获取数据和反馈信息。如果出现问题，设计团队可以根据实际情况调整方案，采取必要的纠正措施。

2）跨阶段协调与沟通

不同设计阶段可能涉及不同的问题和挑战，全过程管理要求设计团队之间进行跨阶段的协调与沟通。这有助于及时传递问题信息，避免问题被忽视或延误解决。

3）问题解决方案的制订

当问题出现时，设计团队需要迅速制订解决方案。这可能涉及技术调整、资源重新配置、风险应对措施等。迅速解决问题，可以避免问题对工程进展和质量造成不良影响。

通过风险的有效控制和问题的及时解决，全过程管理能够提高工程设计的稳定性和可靠性。及时发现问题并采取相应措施以减轻问题的影响，确保工程按计划顺利进行。同时，风险管理也有助于降低工程实施中可能出现的不确定性，提高工程的成功率和成果质量。

（五）可持续性的实现

1.环境影响的综合考虑

全过程管理要求在每个设计阶段充分考虑工程的环境影响。这包括对工程可能产生的环境影响进行全面的评估和分析，以制定相应的环保策略，实现工程设计的环保要求。具体实现环境影响的综合考虑可以通过以下方式。

1）环境评价和影响评估

在工程设计的早期阶段，设计团队可以进行环境评价和影响评估，分析工程可能对自然环境、生态系统、水资源等方面造成的影响。这有助于识别潜在的环境问题，为环保策略的制定提供依据。

2）环保策略的制定

基于环境影响评估的结果，设计团队可以制定相应的环保策略。这可能包括减少排放、减少资源消耗、采用环保技术等措施，以最大限度地减少工程对环境的负面影响。

3）环境监测和管理

在工程实施过程中，全过程管理要求对环境影响进行持续的监测和管理。这可以通过定期的环境监测、数据收集和分析来实现，确保工程在实施过程中符合环境要求。

2.长期可持续发展

全过程管理强调可持续性,要求工程设计不仅要考虑当前需求,还要考虑未来的长期发展。这有助于工程在经济、社会和环境方面实现平衡,为长远发展打下坚实基础。实现长期可持续发展可以从以下几个方面考虑。

1)综合规划与设计

在工程设计阶段,设计团队应当综合考虑未来发展需求,制订灵活的规划和设计方案。这有助于避免工程建设后不久就需要大规模改建或扩建的情况。

2)技术选型与创新

全过程管理要求在技术选型时考虑未来的技术发展趋势,选择具有较长寿命和适应性的技术方案。同时,鼓励采用创新技术,以提高工程的可持续性和效益。

3)社会参与反馈

在工程规划和设计中,应当考虑社会的需求和期望。全过程管理要求与利益相关者进行有效的沟通和合作,以确保工程设计符合社会的长远发展目标。

通过在工程设计中充分考虑环境影响和未来可持续发展,全过程管理可以实现工程的长期成功和价值最大化。这有助于减少工程实施后可能出现的问题和风险,确保工程在经济、社会和环境方面都能够长期受益。

第三章　水利工程施工管理

第一节　水利工程施工质量管理

一、施工质量管理的意义

水利工程施工质量管理是确保工程在施工过程中达到预期质量标准的一系列活动。其重要性体现在以下几个方面。

(一)保障工程安全和可靠性

水利工程作为涉及水资源调度、控制和利用的重要设施,其安全和可靠性对于保障人民群众的生命财产安全至关重要。施工质量管理在保障工程安全和可靠性方面具有以下意义。

1.防止工程灾害

水利工程在施工过程中,如果施工质量不达标,可能会导致工程破坏、决口等灾害,进而威胁周边居民和环境的安全。以下是施工质量管理在防止工程灾害方面的意义。

1)保障大坝安全

大坝是水利工程的重要组成部分,如果大坝结构不牢固、不符合设计要求,可能在储水或洪水冲击时发生坍塌,造成严重的灾害。

2)维持堤防稳固

堤防是防洪和涵养水资源的重要设施,不合格的施工质量可能导致堤防失稳、决口,甚至引发洪水灾害。

2.保障设施稳定

良好的施工质量管理可以确保工程结构的稳定性和耐久性,从而防止在使用过程中发生坍塌、倒塌等事故。

1)结构耐久性

良好的施工质量可以确保工程结构的稳定性和耐久性,防止在使用过程中出现损坏或破坏。

2)材料选择

良好的施工质量管理可以确保使用高质量、适合的材料,避免因材料问题导致设施的失效。

3.防止水灾风险

水利工程涉及水的调度和控制,如果施工质量不达标,可能导致水流失控,引发洪水等灾害。

1)水流控制

良好的施工质量可以确保水利设施的正常运行,避免因水流失控导致洪水风险。

2）排涝效率

良好的施工质量可以确保排涝设施的有效性,防止排涝不畅导致的内涝和灾害。

水利工程施工质量管理在保障工程安全性和可靠性方面扮演着至关重要的角色。通过科学的施工质量管理,可以有效防止工程灾害、保障设施稳定性,从而确保水利工程在使用过程中不仅具备高度的安全性,还能够为人民群众提供稳定的水资源和进行防灾保护。

(二)保障工程功能和性能

水利工程的功能和性能直接关系水资源的有效利用和管理。施工质量管理在保障工程功能和性能方面具有以下意义。

1.确保工程设计目标达成

良好的施工质量管理在水利工程中的重要作用是确保工程设计目标得以充分实现。这涵盖了工程设施的各个方面,包括结构、功能、性能等。

1)结构稳定性

施工质量的保证可以确保工程结构的稳定性,避免结构问题导致的工程事故,如坍塌、决口等。

2)功能完整性

工程设计通常包含了一系列的功能要求,如水库的蓄水、排涝设施的排涝功能等。通过施工质量管理,可以确保这些功能得以完整实现。

3)性能要求

水利工程往往需要在特定条件下达到一定的性能要求,如抗洪能力、防渗性能等。良好的施工质量管理可以确保工程达到预期性能指标。

2.提高工程效益

施工质量直接影响水利工程的效益,这不仅涉及工程自身的性能,还关系对水资源的有效利用。

1)水资源利用效率

优质的水利工程可以提高水资源的利用效率,例如灌溉工程通过精确的水量控制实现农田的高效灌溉,减少水资源的浪费。

2)水灾防控

施工质量的保证可以确保防洪设施的有效性,提高洪水防控的能力,降低洪灾造成的损失。

3)能源利用

水利工程如水电站在施工质量得到保障的情况下,可以更充分地利用水能资源,提高电能产出。

3.降低维护成本

良好的施工质量管理可以降低工程设施的维护成本,从而实现长期的经济效益。

1)减少维修频率

通过保证施工质量,工程设施的寿命得以延长,减少了工程维修和保养的频率,降低了相关成本。

2) 延长使用寿命

良好的施工质量可以确保工程设施长时间内保持稳定性能,减少更换和更新的频率,降低了更换成本。

3) 提高经济效益

维护成本的降低使工程的综合经济效益得以提升,从长远来看,工程的投资回报率将会增加。

水利工程施工质量管理在保障工程功能和性能、提高工程效益,以及降低维护成本方面扮演着重要角色。通过科学的施工质量管理,可以实现工程的长期稳定运行,最大程度地发挥水资源的效益,同时为社会经济发展做出积极贡献。

二、施工质量管理面临的挑战

在水利工程施工质量管理过程中,存在如下一些挑战需要克服。

(一) 复杂的施工环境

水利工程施工通常发生在复杂多变的自然环境中,如河流、湖泊、山区等复杂多样的地形,加之水文特性和地质条件的差异,给施工质量管理带来了许多挑战。这些挑战的来源包括以下几项。

1.地质条件

不同地质条件对施工过程和工程结构的影响巨大。例如,软土地区可能涉及沉降问题,岩石地区可能需要爆破作业。

1) 软土地区的挑战

软土地区由于土壤的承载能力较低,施工过程中常常面临以下挑战。

a.沉降问题。

软土地区的土壤容易发生沉降,这可能导致工程设施的不稳定甚至破坏,影响工程的安全性和可靠性。

b.变形问题。

软土地区土壤的变形较大,工程结构可能会因土壤的挤压和变形而发生不均匀沉降,影响工程的整体性能。

2) 岩石地区的挑战

岩石地区的施工面临以下挑战。

a.爆破作业。

在岩石地区,施工可能需要进行爆破作业,以便开展工程。然而,爆破作业涉及噪声、振动等环境影响,需要严格控制,以免影响周围居民和环境。

b.工程加固。

岩石地区的地质结构较硬,可能需要额外的工程加固措施,以确保工程的稳定性和安全性。

3) 不同地质条件下的技术适应性挑战

不同地质条件下,施工所需的技术和方法也会有所不同,需要针对具体地质特点进行调整。然而,技术适应性的调整可能增加施工难度和复杂性,需要施工管理团队具备跨领域的知识和技能。

4）环境保护挑战

在不同地质条件下进行施工可能会对周围环境产生影响,如水污染、土壤侵蚀等。施工团队需要采取措施保护周围环境,以免造成不良影响。

地质条件对施工的影响是多方面的,不同的地质条件都存在着独特的挑战。在施工质量管理中,需要充分认识并应对这些挑战,以确保工程的安全、稳定和可靠。

2.水文特性

水利工程施工常常涉及水的调度和控制,水文特性对施工的影响十分显著。例如,高水位时的施工需要采取特殊的措施。

1）高水位时的挑战

施工期间,如果遇到高水位时段,可能会面临以下挑战。

a.施工困难。

高水位时,工程场地可能被淹没,施工条件恶劣,施工人员对设备的操作受限,增加了施工的难度和复杂性。

b.安全风险。

高水位带来的水流湍急,可能对施工人员和设备造成威胁,增加了施工过程中的安全风险。

2）水文波动的挑战

水文波动给施工也带来了一定的挑战。

a.施工计划调整。

水文波动可能导致水位、流量等参数的变化,从而影响施工进度和计划。施工团队需要不断调整施工计划,以适应水文波动带来的影响。

b.施工工序调整。

水位波动可能导致施工工序的变化,例如,需要在低水位时进行某些施工操作,而在高水位时进行其他操作。这要求施工管理团队有强大的适应能力。

3）水文数据不确定性带来的挑战

水文数据的不确定性也会影响施工的进行,其挑战如下。

a.预测难度。

水文数据的预测可能存在一定的误差,导致无法准确预测水位、流量等参数的变化。这增加了施工团队的不确定性,可能需要采取更灵活的施工策略。

b.风险管理。

不确定的水文数据可能导致施工过程中的风险增加,施工团队需要制订风险管理策略,以应对不确定性带来的影响。

水文特性对施工具有显著的影响,需要施工管理团队具备灵活性和应对能力,以应对不同水文条件下可能出现的挑战。

（二）多方利益关系

水利工程涉及多个利益相关者,包括政府部门、企业、社会公众等。不同利益相关者可能有不同的期望和关注点,施工质量管理需要在满足各方期望的同时,保障工程的整体质量。

1.政府监管

政府部门对工程的合规性、环保有严格的要求,需要设计团队和施工方合作,确保工程符合法规标准。

1)合规性要求的挑战

政府监管对工程的合规性要求严格,这对施工质量管理提出了挑战。

a.法规复杂性。

不同地区和国家的建设法规不同,涵盖的内容广泛,施工方需要了解并遵守各种法规,确保工程的合规性。

b.合规性审核。

政府部门可能会进行合规性审核,要求施工方提交大量文件和资料。这需要施工方投入大量人力和时间,确保文件的准确性和完整性。

2)环保要求的影响

政府监管强调工程的环保要求,这对施工质量管理产生了影响。

a.环境影响评估。

水利工程常常涉及生态环境,政府可能要求进行环境影响评估,确保工程不会对生态环境造成损害。这需要施工方投入资源进行评估和规划。

b.环保技术要求。

政府可能会要求采用环保技术和材料,以减少对环境的影响。施工方需要在选择材料和技术时考虑环保因素,确保工程符合要求。

3)监管变化的挑战

政府监管可能会随着时间变化,施工方需要应对监管变化带来的挑战。

a.监管标准更新。

政府可能会不断更新监管标准和要求,施工方需要及时了解并适应新的标准,确保工程符合要求。

b.合规性调整。

监管变化可能导致施工方需要调整原有的施工计划和策略,以满足新的合规性要求。

政府监管对施工质量管理具有重要影响,施工团队需要密切合作,确保工程符合法规标准,同时要适应监管变化带来的挑战。

2.企业利益

施工企业通常希望尽可能缩短工期、降低成本,但这可能会对施工质量造成影响。

1)工期压力对质量的挑战

施工企业通常面临工期的压力,希望尽快完成工程并交付。然而,过度追求速度可能会对施工质量造成影响。

a.质量控制时间缩短。

缩短工期可能导致质量控制的时间被压缩,从而减少了发现和解决问题的时间窗口。

b.施工过程紧凑。

快速施工可能导致施工过程变得紧凑,施工人员可能没有足够的时间进行细致的操作和检查,从而影响施工质量。

2）成本压力对质量的影响

企业通常希望降低成本,降低成本可能对施工质量产生负面影响。

a.材料选择和采购。

为降低成本,企业可能会选择低成本材料,这可能会影响工程的耐久性和质量。

b.人员配备。

为降低成本,企业可能减少人员配备,导致施工过程中人员不足,影响施工质量。

3）利益平衡的挑战

在施工中,平衡企业利益和施工质量是挑战之一。

a.利益冲突。

企业追求利润最大化,而施工质量需要投入额外的资源和时间,这可能导致企业在利益和质量之间做出权衡。

b.合同约束。

合同中通常规定了工期和成本等要求,企业需要在合同约束下完成工程。这可能对质量管理提出限制。

在实际操作中,施工企业需要认识到快速完成和降低成本并非是无条件的,而是需要在保证施工质量的前提下进行平衡。确保施工质量是企业的长远利益,这有助于树立良好的企业形象和口碑。

(三)技术创新和更新

科技的不断进步带来了新的施工技术和材料,这为水利工程的发展提供了机会,同时带来了管理上的挑战。管理团队需要不断更新知识,以适应新的技术标准。

1.新材料应用

新材料的应用可能涉及新的施工工艺和标准,需要适应和掌握这些新技术。

1）新材料的引入与挑战

随着科技的不断进步,新材料的引入为水利工程施工带来了新的机遇和挑战。新材料虽然可能具有更好的性能,但也可能涉及新的施工工艺和标准,需要施工团队适应和掌握这些新技术。

a.技术更新与培训。

新材料的应用可能需要施工人员学习新的施工工艺和操作技术,需要投入时间和资源进行培训,确保施工质量。

b.质量控制的挑战。

新材料的性能特点可能与传统材料不同,需要调整质量控制策略,以确保新材料的施工质量符合标准。

2）适应新技术的挑战

新材料的引入可能需要适应新的施工技术,这可能会带来一些挑战,如下所述。

a.施工工艺调整。

新材料可能需要使用不同的施工工艺和方法,施工人员需要适应新的操作流程。

b.标准与规范更新。

引入新材料可能需要制订新的标准和规范,以确保施工过程和质量符合要求。

3）技术创新与质量控制

新材料的应用可能需要施工团队进行技术创新，以适应新的需求，并确保质量。

a.质量控制方案更新。

引入新材料可能需要更新质量控制方案，包括检测方法、验收标准等，以确保新材料的质量。

b.质量监测与反馈。

在新材料应用过程中，需要建立质量检测系统，及时掌握施工质量情况，并进行反馈和调整。

新材料的应用为水利工程带来了技术创新和性能提升的机会，也需要施工团队付出额外的努力来适应新技术，确保施工质量的稳定和可靠。

2.自动化与数字化

自动化施工和数字化建模技术的应用可能需要管理团队具备相关的技术知识。

1）自动化施工技术的影响与挑战

自动化施工技术在水利工程施工质量管理中的应用正日益广泛，其应用也带来了一系列影响和挑战。

a.提升施工效率。

自动化设备可以执行重复性、高强度的任务，从而提高施工效率。然而，管理团队需要深刻理解自动化系统的操作和调整，以确保设备能够以最高效率运行。

b.降低人为错误。

自动化技术能够减少人为因素带来的错误，提高施工准确性。然而，管理团队需要确保自动化系统的准确性和稳定性，避免系统故障导致质量问题。

c.人员技能要求。

自动化设备需要经过专业培训的操作人员进行控制和维护。管理团队需要投入资源培训人员，以确保他们能够熟练操作和管理自动化系统。

2）数字化建模技术的影响与挑战

数字化建模技术在水利工程施工质量管理中具有以下影响与挑战。

a.精确地预测和模拟。

数字化建模技术可以精确地进行工程模拟和预测，帮助管理团队更好地规划施工过程。然而，管理团队需要确保建模数据的准确性，以避免误导决策。

b.实时监控和反馈。

数字化建模技术可以实时监控施工进程，并提供及时反馈。然而，管理团队需要具备对大量数据的分析和解读能力，以有效利用这些信息指导决策。

c.技术应用与培训。

数字化建模技术需要专业的软件和工具，管理团队需要投入资源进行培训，使团队成员能够充分掌握和应用这些工具。

3）技术创新与团队能力

自动化施工和数字化建模技术的应用需要管理团队具备相关的技术知识和能力：

a.技术创新。

不断的技术创新可以提升施工质量管理的效率和水平。管理团队需要紧跟行业的技术发展，积极探索适合水利工程的新技术应用。

b.团队能力。

管理团队需要培养成员具备自动化和数字化技术的应用能力，以应对不断变化的施工环境和技术需求。

自动化施工和数字化建模技术的应用在水利工程施工质量管理中具有巨大的潜力，然而管理团队需要积极应对技术挑战，不断提升团队成员的技术素养和能力，以确保技术能够最大程度地为工程质量管理提供支持。

水利工程施工质量管理面临着复杂的施工环境、多方利益关系的挑战，以及不断涌现的技术创新和更新。有效应对这些挑战需要施工管理团队具备深厚的专业知识和经验，能够在不同情境下做出合理的决策，确保水利工程的施工质量达到预期标准。

三、施工质量管理的方法与实践

(一)质量计划的制订与执行

1.制订质量计划

1)重要性

质量计划是施工质量管理的重要组成部分，它为整个施工过程提供了明确的质量目标、标准和控制措施，是确保工程质量的基石。

2)明确质量目标

在制订质量计划时，管理团队需要明确工程的质量目标，即工程应该达到的质量水平和标准。

3)确定质量标准

根据工程的性质和要求，选择适用的国家标准、行业标准，以及项目特定的标准，确保工程质量达到要求。

4)制定质量控制措施

质量计划需要明确一系列质量控制措施，包括工程的关键环节、关键工序的控制措施，以及材料的质量要求等。

2.确定质量标准

1)标准选择

在确定质量标准时，管理团队需要根据工程类型、用途和技术要求，选择适用的标准，包括结构设计、施工工艺、材料要求等。

2)国家标准和行业标准

对于不同类型的工程，通常会有相关的国家标准和行业标准，作为工程质量的基准。管理团队需要了解并遵循这些标准。

3)项目特定标准

对于某些特殊工程，可能需要根据项目特点制订一些特定的质量标准，以确保工程的特殊要求得到满足。

3.制定检验方法

1)方法的选择

在制订检验方法时,需要选择适用的方法和检测设备,以确保对工程质量进行准确的监控和评估。

2)方法的多样性

不同工程部位和构件可能需要不同的检验方法,例如,混凝土结构可能需要检测混凝土强度,钢结构可能需要检测焊缝质量。

3)方法的涵盖范围

检验方法应覆盖工程的各个方面,包括材料的质量、施工工艺的符合性、结构的稳定性等。

质量计划的制订是确保施工质量的前提,它为后续的施工过程提供了明确的指导。通过明确质量目标、选择适用的标准和制订有效的检验方法,管理团队可以在施工过程中有序地进行质量控制,从而保证工程的质量达到预期要求。

4.质量控制措施

在质量计划中明确质量控制措施,即在施工过程中采取具体措施来确保质量。具体包括工序检查、现场监测、材料验收等,以及出现问题时的纠正和整改措施。

1)重要性

质量控制措施是贯穿整个施工过程的关键步骤,确保工程按照预定质量标准进行施工,减少缺陷和问题的出现。

2)工序检查

在不同的施工阶段,对每个工序进行严格的检查,确保每个工序的质量达到要求。例如,浇筑前的混凝土模板检查、焊接前的钢结构检查等。

3)现场监测

通过现场监测设备和技术,对施工现场进行实时监控,及时发现施工中可能存在的问题,采取措施进行干预和修正。

4)材料验收

对所使用的材料进行严格的验收,确保材料的质量符合标准要求。这包括对材料的物理性能、化学成分等进行检测。

质量控制措施的有效实施可以最大限度地降低施工过程中出现的问题和缺陷,确保工程质量达到预期标准。它需要管理团队的严格执行和协调,以及对问题的及时响应和解决能力。

(二)技术标准的落实

1.符合材料规范

材料是工程质量的基础,必须严格符合规定的材料规范。管理团队需要确保从可靠的供应商采购材料,严格按照规范进行验收和使用。例如,在混凝土工程中,需要确保水泥、骨料、掺合料等材料的质量和配比符合要求,以保证混凝土的强度和耐久性。

2.正确的施工方法

正确的施工方法对工程质量至关重要。不同的工程类型和材料可能需要不同的施工方法。管理团队需要在施工前制订详细的施工方案,明确每个步骤的施工方法和操作要点。例如,在土方工程中,不同类型的土壤可能需要采取不同的开挖和填筑方法,以确保工程稳定性和安全性。

3.控制施工过程

管理团队需要对施工过程进行全程监控,确保施工按照技术标准进行。

1)定期检查

对施工现场进行定期检查,确保施工按照技术标准和施工方案进行,及时发现问题并采取措施。

2)记录施工进展

记录每个施工阶段的进展情况,包括工序完成情况、使用材料的数量等,以便追溯和分析。

3)控制质量风险

识别可能影响工程质量的风险因素,采取预防措施减少风险发生的可能性。例如,在钢结构施工中,需要对焊缝质量进行特殊监控,避免出现焊接缺陷。

通过严格执行技术标准,确保材料、施工方法和施工过程都符合预定标准,有效地降低施工质量风险,减少缺陷和问题的出现。这需要管理团队具备扎实的专业知识,对工程技术要求有清晰的理解,并能够将标准落实到实际施工中。

(三)质量监控与验收

1.质量监控

质量监控是施工质量管理的关键环节,旨在持续地检测和评估工程质量,及时发现和解决问题,确保工程按照预定标准进行。在施工过程中,管理团队可以采取以下措施来实施质量监控。

1)实地检查

定期巡视施工现场,检查施工工序是否按照技术标准执行,发现问题及时采取措施纠正。

2)数据采集

收集施工过程中的数据,如材料使用情况、施工进度等,用于分析和判断工程质量。

3)现场监测

利用传感器、监测设备等技术手段对工程进行实时监测,以掌握工程的状态和变化。

2.质量验收

质量验收是工程完成后的一项重要活动,通过评估工程是否达到预期质量标准来确认工程质量。验收的步骤和标准应当在质量计划中明确规定,以确保公正和客观。验收包括以下几个方面。

1)技术标准

根据质量计划中确定的技术标准,对工程的各个方面进行评估,如结构稳定性、材料质量等。

2)功能验收

确保工程设施的功能和性能符合设计要求,如水利工程的水流调度能力是否正常。

3）外观验收

对工程的外观质量进行检查，确保工程外观整洁、美观。

4）问题整改

如果在质量监控或验收中发现问题，管理团队需要及时采取纠正措施进行问题整改。整改措施应当针对问题的根本原因，确保问题不再出现。例如，如果在混凝土浇筑过程中发现裂缝，管理团队需要找出裂缝产生的原因，采取补救措施，防止类似问题再次发生。

质量监控和验收是保障施工质量的双重保障机制。通过持续地监控和及时地验收，可以发现和解决问题，确保工程达到预期的技术和质量要求，从而保障工程的可靠性和稳定性。

施工质量管理是一个系统性的过程，涵盖了质量计划、技术标准的落实，以及质量监控与验收等多个方面。通过科学的方法和实践，管理团队可以有效控制工程质量，确保工程达到预期的质量标准。

第二节　水利工程施工安全管理

一、水利工程施工安全管理的意义与现状

水利工程作为涉及复杂自然环境和高风险因素的特殊工程类型，施工安全管理的意义不可忽视。

（一）人员安全保障

水利工程施工涉及多种危险环境和作业，如高处作业、深水作业、大型设备操作等。在这些环境中，施工人员面临着潜在的危险。因此，施工安全管理的首要意义在于保障施工人员的生命和安全。通过制订严格的安全操作规程、提供必要的个人防护装备，以及开展安全培训，可以降低施工人员遭受伤害的风险，营造一个安全的工作环境。

1.人员生命安全是首要任务

无论在任何行业，保障人员的生命安全都应被视为首要任务。在水利工程中，由于工程环境复杂、潜在风险众多，更需要将人员生命安全置于优先位置。任何工程目标都不能以牺牲人员生命安全为代价。

2.法律和道德责任

水利工程项目通常需要遵守国家和地方的法律法规，其中包括人员生命安全的规定。未能履行保障工程人员生命安全的责任可能会导致法律诉讼和严重的法律后果，不仅对工程项目造成影响，还可能损害企业的声誉。

3.提高工程项目质量

保障人员生命安全是提高工程项目质量的一项关键措施。通过确保工程人员的安全，可以减少工程项目中的事故和延误，从而提高工程的质量和可持续性。

（二）工程进度保障

工程进度对于水利工程的建设至关重要。施工事故会导致工程的中断和延误，甚至需要重新施工，从而严重影响工程的进度和竣工时间。通过科学合理的施工安全管理，可

以减少事故的发生,提高施工效率,确保工程按照计划完成,从而降低工程风险。

1.经济效益

工程的延误通常会导致成本的增加,例如工程团队、设备、原材料等成本增加。通过保障工程进度,可以避免这些不必要的费用支出,确保工程的经济效益。

2.满足社会需求

水利工程通常涉及供水、防洪、灌溉等关键社会需求。工程的延误可能会导致社会需求无法得到满足,影响社会的正常运行。因此,工程进度保障对于社会的正常生活至关重要。

3.降低风险

工程进度延误可能导致工程周期延长,使工程受到更多外部因素的影响,例如气象变化、政策变化等。通过加强工程进度保障,可以降低这些风险。

(三)资源利用效率提高

施工事故不仅对施工人员造成伤害,还可能导致设备和材料的损坏,造成资源的浪费。这对水利工程来说尤为重要,因为水利工程通常需要大量的人力、物力和财力投入。通过施工安全管理,可以避免事故导致的资源浪费,提高资源的利用效率,从而降低工程成本。

1.成本控制

水利工程通常需要巨额的投资,包括设备、材料、劳动力和运营费用。通过提高资源利用效率,可以降低工程成本,确保工程在预算范围内完成。

2.资源保护

资源浪费不仅对经济造成损失,还对环境和可持续性产生不利影响。例如,材料的浪费可能导致资源枯竭和生态系统破坏。通过有效管理和减少浪费,可以保护自然资源,支持可持续发展。

3.时间效率

水利工程的时间进度通常与资源利用效率密切相关。资源浪费可能导致工程的延误,进而影响工程的运行和效益。通过优化资源利用,可以提高工程的时间效率,确保按计划完成。

(四)社会形象塑造

施工安全管理不仅关系企业内部的形象,还与社会大众的认知和评价密切相关。如果一个企业在施工过程中频繁发生事故,不仅会受到法律法规的制裁,还会影响其在社会中的声誉和形象。通过严格遵守安全标准、注重施工安全,企业可以塑造良好的社会形象,获得社会的认可和支持。

1.安全文化的建立

企业通过建立积极的安全文化,传达出对员工生命安全的高度重视。这不仅有助于减少事故发生,还表现出企业的社会责任感和管理能力。一个以安全为优先的企业,更容易获得社会的信任。

2.社会责任感

关注施工安全不仅是法定要求,也是企业的社会责任。企业通过积极参与社会公益活动、提供安全教育等方式,展示出对社会的责任感,提升了社会形象。

(五)法律合规性

各国都制定了一系列法律法规来保障施工安全,企业必须遵守这些法规,确保施工活动合法合规。合规性不仅是企业的基本道德责任,也是法律规定的要求。通过严格的施工安全管理,企业可以遵循法律法规,避免因违规而受到处罚和法律诉讼的风险。

1.法律法规的制定和重要性

在各国,特别是发达国家,法律法规对施工安全起到了关键性的作用。这些法律法规可以确保施工活动的安全性和合规性。法律法规的制定通常基于以下几个方面的考虑。

1)人身安全保护

法律法规的首要目标是保护工人和公众的生命安全。在施工现场,各种潜在的危险可能会导致严重的伤害甚至死亡。因此,法律法规规定了必须采取的安全措施和标准,以最大程度地降低这些风险。

2)环境保护

施工活动通常会对环境产生一定的影响,如土壤污染、水质污染和空气污染等。法律法规也包括了对环境保护的规定,要求企业采取措施以减少对环境的不良影响。

3)公共利益

施工项目通常会涉及公共利益,如基础设施建设、房屋建设和水资源管理等。法律法规的制定旨在确保这些项目按照公共利益的原则进行,以满足社会的需求和期望。

2.法律合规性的重要性

法律合规性是企业施工安全管理的核心要素之一。它具有以下几个方面的重要意义。

1)避免法律风险

不遵守法律法规将面临法律风险,包括罚款、法律诉讼和企业声誉受损。法律合规性确保企业免受这些风险的影响。

2)提高企业声誉

遵守法律法规有助于塑造企业的良好声誉。合法合规的企业更受投资者、客户和员工的信任和尊重。

3)保护员工生命安全

法律法规的合规性确保了工人的生命安全。这有助于减少工伤和职业疾病的发生,提高员工的幸福感和生产力。

4)推动可持续发展

法律法规通常包括对可持续发展的要求,如资源管理、环境保护和社会责任等。合规性有助于企业积极参与可持续发展,并取得社会认可。

3.施工安全管理中的法律合规性

在施工安全管理中,法律合规性是一个基础性的要求。

1)了解和遵守法律法规

企业应了解和遵守涉及其施工活动的所有法律法规。这包括国家、地区和行业的法律法规。

2）建立合规性管理体系

企业应建立健全的合规性管理体系,确保法律合规性得到持续监督和改进。

3）培训员工

企业应为员工提供合规性培训,使他们了解和遵守相关法律法规。

4）持续改进

企业应不断改进其合规性管理体系,以应对法律法规的变化和新的法规要求。这包括定期审查和更新政策、程序和控制措施。

5）报告和记录

企业应建立记录和报告机制,以便在发生法律合规性问题时能够及时报告并采取纠正措施。

6）合作与沟通

企业应积极与监管机构和利益相关者合作,建立积极的合作关系,确保合规性。

水利工程施工安全管理的意义十分重大。它不仅关系人员的生命安全、工程的进度和质量,还涉及企业形象、资源利用效率及法律合规性。通过科学的管理和有效的措施,可以最大限度地降低施工风险,保障工程的安全与顺利进行。

二、水利工程施工安全管理的策略与措施

(一)安全培训和教育

安全培训和教育在水利工程施工中具有重要意义,它是增强施工人员安全意识、技能和应急能力的关键手段。

1.培训内容的设计与制定

安全培训应覆盖施工现场的各个环节,包括高风险作业、危险源识别、安全设备使用等。培训内容需要根据不同岗位和工种的需求进行设计,确保针对性和实用性。

2.法律法规和政策宣讲

安全培训中需要强调相关的法律法规和政策,让施工人员明确法律责任和规范要求。这有助于增强施工人员的安全意识和遵守法规的自觉性。

3.实际案例分析

通过分享实际事故案例,可以让施工人员更直观地认识到安全风险的严重性,从而引起他们的警觉性和注意力。

4.模拟演练和实操训练

安全培训应当结合实际情况,进行模拟演练和实操训练。通过实际操作,可以让施工人员掌握正确的安全操作技能,增加应急处理的能力。

5.安全标识和警示

安全标识在施工现场起着重要作用,它们可以传递安全信息和警示,提醒施工人员注意潜在危险。在培训中应当教育施工人员认识并遵守不同安全标识。

通过系统的安全培训和教育,施工人员可以更好地了解施工现场的安全风险和危险源,掌握正确的安全操作方法,提高应对突发情况的能力。这不仅有助于降低事故发生的概率,还能提高整体施工效率,确保水利工程的顺利进行。

(二)制订安全计划

在水利工程施工中,制订详细的施工安全计划是确保施工过程安全的关键步骤。这个计划不仅能够明确安全目标和标准,还能提供具体的控制措施和应急预案,为施工人员提供必要的指导和支持。以下是制订安全计划的详细步骤。

1.安全目标设定

需要明确施工安全的总体目标。这可能包括零事故发生、保障施工人员的生命安全等。确立明确的目标有助于统一施工团队的思想,使所有人都朝着相同的方向努力。

2.安全标准制定

根据风险评估结果和相关法规要求,制定具体的安全标准。这些标准可能涉及作业高度、设备操作要求、材料使用规范等,旨在规范施工行为。

3.控制措施制定

针对不同的风险,制定相应的控制措施。这包括设置防护设备、制订安全操作规程、设定安全警示标志等,以降低事故发生的可能性。

4.应急预案编制

在安全计划中,应当包括详细的应急预案,针对可能的事故情况制定相应的处理措施。应急预案应当清楚、具体,能够在事故发生时迅速启动。

5.施工流程规划

结合安全标准和控制措施,制订施工流程规划。明确不同工序的安全要求和操作步骤,确保施工过程中的安全性。

通过制订详细的施工安全计划,可以将安全管理措施系统化、规范化,为施工提供明确的指导,有效地降低施工过程中的安全风险,保障人员生命财产安全。

(三)设立安全监管岗位

在水利工程施工中,设立专门的安全监管岗位是确保施工安全的重要举措。安全监管人员负责对施工现场进行定期巡查和监督,旨在发现潜在的安全隐患和问题,并及时采取纠正措施。以下是设立安全监管岗位的详细措施。

1.岗位设置和职责明确

企业或项目管理团队应明确设立安全监管岗位,并明确岗位的职责和权限。安全监管人员应具备相关的安全知识和经验,能够有效地识别和处理安全问题。

2.定期巡查和检查

安全监管人员应定期对施工现场进行巡查和检查。他们应走访施工区域,查看作业情况,确保施工人员遵守安全操作规程和标准。

3.安全培训和指导

安全监管人员可以组织安全培训和教育活动,向施工人员传授安全知识和技能。他们还可以提供安全操作指导,确保施工人员正确使用防护设备和工具。

通过设立专门的安全监管岗位,可以有效地强化施工现场的安全管理,及时发现和解决安全问题,降低施工事故的发生率,保障施工人员的生命财产安全。

(四)提供安全设施和装备

提供必要的安全设施和个人防护装备,如护栏、安全帽、安全绳等,确保工人在施工中的安全。

1.安全设施的重要性与实施方法

安全设施是保障施工人员在高风险环境下工作的重要手段。它们可以有效地预防意外事故的发生,减轻事故造成的损害。

1)护栏和警示标识

在施工现场设置合适的护栏和警示标识是一项基本且必要的措施。护栏可以将危险区域和施工区域有效隔离,防止人员误入危险区域。警示标识则能够清晰地标明禁止通行区域、危险区域,以及注意事项,提醒施工人员注意安全。

实施方法:第一,根据施工现场的布局和危险性,设置适当的护栏,确保其高度和稳固性,防止人员翻越。第二,针对不同类型的危险,设置明显的警示标识,使用醒目的颜色和文字,以便施工人员远远就能辨认。

2)安全网和防护罩

在高处施工,如悬崖边、高层建筑等,安全网和防护罩的使用至关重要。它们可以预防人员从高处坠落,减轻坠落造成的伤害。

实施方法:第一,在高处施工区域搭建稳固的安全网,确保其能够承受意外坠落的力量,防止人员坠落地面。第二,对于高空施工的工作面,设置透明的防护罩,既保障了施工人员的安全,又不影响工作的进行。

3)应急设施

应急设施在事故突发时起到关键作用,能够迅速进行紧急处理,减轻事故的后果。

实施方法:第一,在施工现场设置明显的应急出口标识,确保施工人员能够迅速撤离危险区域。第二,配备消防器材、急救箱、应急电话等应急设备,为施工人员提供必要的紧急救援工具。

4)照明设备

对于需要在夜间进行施工的情况,提供充足的照明设备非常重要,以确保施工人员有良好的视野,减少夜间作业的安全风险。

实施方法:第一,在施工现场设置适当的照明设备,保障施工区域的充分照明,避免施工人员因光线不足而引发事故。第二,使用节能、环保的照明设备,确保照明效果的同时也不会对环境造成不良影响。

通过合理设置和使用上述安全设施,能够有效地降低施工过程中发生意外事故的概率,保障施工人员的生命安全。同时,不断创新和改进安全设施,适应不同的施工环境和任务,为水利工程的施工安全管理提供有力支持。

2.个人防护装备的重要性与实施方法

个人防护装备是避免施工人员在作业过程中受伤的关键。它们能够降低意外事故造成的伤害程度。

1)安全帽

安全帽是施工现场最基本的个人防护装备之一,它的作用不仅限于防止坠落物或撞击对头部造成的伤害,还可以在某些情况下保护头部免受电击、火花等危险因素的侵害。

实施方法:第一,所有参与施工的人员都应佩戴符合国家标准的安全帽,确保其符合规定的质量和性能要求。第二,根据施工环境的不同,选择适合的安全帽类型,如硬帽、软帽等,以提供最佳的防护效果。

2)安全鞋

安全鞋具有防滑、防刺穿、防压等功能,可以有效地保护施工人员的脚部免受外界伤害。在施工现场,尤其是在需要行走的地方,穿着合适的安全鞋至关重要。

实施方法:第一,所有施工人员都应穿着符合标准的安全鞋,确保其能够有效地抵御外界对脚部的伤害。第二,根据不同作业环境,选择合适的安全鞋类型,如防滑、耐刺穿等特殊功能的安全鞋。

3)呼吸防护器材

在存在有毒气体、有害粉尘等危险因素的施工环境中,提供适当的呼吸防护器材是保护施工人员呼吸道健康的关键。这些装备可以过滤空气中的有害物质,确保施工人员呼吸的空气安全。

实施方法:第一,根据施工现场的危险性,选择合适的呼吸防护器材,如防毒面具、呼吸阀等。第二,为施工人员提供必要的培训,教育他们正确佩戴和使用呼吸防护器材,以确保其有效并起到防护作用。

4)安全绳和安全带

对于需要在高处作业的情况,安全绳和安全带是必不可少的个人防护装备。它们可以保障施工人员的安全,防止高处坠落事故的发生。

实施方法:第一,在需要高处作业的区域,设置可靠的固定点,并确保安全绳与安全带的连接牢固可靠。第二,施工人员必须接受相关培训,掌握正确的佩戴和使用方法,以及在高处作业时的注意事项。

通过严格的个人防护装备管理,能够在一定程度上减少施工现场意外事故的发生,确保施工人员的安全。然而,仅仅依靠个人防护装备是不够的,还需要配合其他安全措施和管理策略,以建立一个更加全面的施工安全体系。

(五)现场管理与指导

1.作业许可制度的制定与实施

作业许可制度是现代施工安全管理的核心组成部分,旨在通过严格的管控和规范,确保危险作业在适当的安全保障措施下进行,从而最大程度地降低事故风险,保障施工人员的安全和生命。

1)制定明确的作业许可制度

a.识别危险作业。

需要对施工过程中涉及的各类作业进行全面而系统的风险评估,准确定义哪些作业属于危险作业,如高空作业、有毒物质接触、电焊作业等。

b.明确许可条件。

针对每一种危险作业,明确获得许可的条件,包括从业人员的资质要求、培训和考核情况,必要的工具、设备和防护装备是否符合标准。

c.规定许可程序。

制定详细的许可申请和审批程序,确保申请人必须提供充分的证明和文件,以证明其具备从事危险作业所需的条件。审批程序要确保透明、公正,并在一定时间内完成。

2)确保只有合格人员获得作业许可

a.设立培训体系。

开发与危险作业相关的培训课程,包括安全知识、操作技能、应急处置等内容。培训内容应紧密结合实际情况,旨在增强施工人员的安全意识和提高施工人员的安全技能。

b.进行合格评估。

在培训结束后,对培训人员进行合格评估,以确保其对安全规程和操作程序的理解和掌握。只有通过评估的人员才能获得作业许可。

c.颁发许可证书。

对于通过合格评估的人员,颁发作业许可证书,明确其具备从事危险作业的资格。许可证书应包含个人信息、许可作业类型和证书有效期等信息。

通过以上制度的制定与实施,可以保障危险作业在有足够安全保障措施的前提下进行。这有助于降低施工现场的事故风险,保护施工人员的生命安全,提高整体施工质量和效率。同时,作业许可制度的执行需要与现场监管和管理紧密结合,确保制度得以有效贯彻。

2.危险作业的严格监管和指导

1)危险作业监管和指导的重要性

危险作业是施工现场事故的高发环节,涉及高风险因素,如高空坠落、电气操作、有毒物质接触等。因此,严格的监管和指导对于预防事故的发生至关重要。通过有针对性的监管和详细的指导,可以最大限度地降低危险作业的风险,保障施工人员的安全。

2)专门的安全监管人员

a.指定监管责任人。

在施工管理团队中,应指定专门负责危险作业监管的责任人员。他们需要具备丰富的安全知识和经验,能够识别潜在风险并采取相应措施。

b.定期巡查和监督。

安全监管人员应定期巡查危险作业现场,检查施工人员是否按照规定进行作业,是否使用必要的防护设备,以及是否存在不安全行为。

3)详细的作业指导和操作规程

a.制定作业指导书。

针对不同类型的危险作业,制定详细的作业指导书或操作规程,明确每个步骤的安全措施、操作要点和注意事项。

b.强调防护措施。

在作业指导中,重点强调必要的防护措施,如个人防护装备的佩戴、作业区域的隔离、作业前的检查等,确保施工人员清楚了解安全要求。

3.防止不安全行为

1)防止不安全行为的重要性

不安全行为往往是事故发生的主要原因之一。在施工现场,不遵守安全规定、忽视安全措施、违反操作规程等不安全行为都可能导致严重的事故。因此,防止不安全行为对于保障施工人员的生命安全和维护工程质量至关重要。

2）实施方法

a.建立激励机制。

建立激励机制是促使施工人员养成良好安全行为习惯的重要途径。通过奖励遵守安全规定、积极参与安全活动的人员，可以树立正面的安全文化。一般包括表彰优秀安全工作者、发放奖金、提供晋升机会等激励措施，从而形成一种积极向上的安全氛围。

b.加强安全教育。

定期组织安全会议和培训，是增强施工人员安全意识和防止不安全行为的重要手段。通过讲解真实的事故案例、强调安全知识、分享安全经验，可以让施工人员深刻认识不安全行为的严重后果。此外，通过模拟演练、角色扮演等形式，让施工人员亲身体验安全操作的重要性。

c.实施严格的安全巡查制度。

建立严格的安全巡查制度，是发现不安全行为并对其及时制止的有效手段。应由专门的安全巡查人员定期对施工现场进行检查，发现不符合安全规定的行为，立即予以制止和整改。此外，工地内也可以设置安全监控设备，实时监测施工人员的行为，发现异常情况及时报警。

d.建立责任追究机制。

对于违反安全规定、发生不安全行为的施工人员，应建立明确的责任追究机制。根据违规程度，可以采取警告、罚款、停工等措施进行惩处，以起到警示作用，遏制不安全行为的发生。

通过强化现场管理、制定作业许可制度、严格监管危险作业，以及防止不安全行为，可以有效地提升水利工程施工现场的安全性，降低事故风险，保障施工人员的生命财产安全。同时，这也需要管理团队具备丰富的安全管理经验和知识，以及对施工现场实际情况的敏锐判断力。

第三节　水利工程合同、进度与资金管理

一、水利工程合同管理在水利工程中的作用

水利工程合同管理是确保工程按照约定进行、合同各方权益得到保障的关键环节。合同不仅规定了工程的范围、质量、进度等要求，还明确了各方的权利和义务，为工程的顺利进行提供了法律依据。

在水利工程中，合同管理的作用体现在以下几个方面。

（一）明确工程要求

工程项目的成功实施离不开明确的技术要求、质量标准和设计规范。这些要求不仅为工程施工提供了明确的目标和指引，还在整个项目周期内发挥着至关重要的作用。

1.技术要求的指导作用

技术要求是工程合同中对工程技术性能的详细描述。它涵盖了工程中使用的材料、

设备、施工方法等方面。明确的技术要求可以为工程团队提供明确的技术方向,确保工程在技术层面达到预期要求。例如,在水利工程中,针对大坝的技术要求可能包括抗震能力、排水系统设计、渗透控制等。这些技术要求的明确有助于确保工程的稳定性、安全性和持久性。

2.质量标准的保障功能

质量标准是工程合同中规定的工程质量的基准。它们涉及工程的结构强度、外观质量、耐久性等方面。通过明确的质量标准,工程团队可以进行相应的质量控制,确保工程达到规定的质量要求。在水利工程中,质量标准可能涉及水闸的密封性、堤坝的稳定性等。这些标准的遵循有助于防止质量问题的发生,确保工程的长期可靠运行。

3.设计规范的引导作用

设计规范是工程合同中约定的工程设计要求。它们包括了工程的结构设计、施工方法、安全要求等方面。明确的设计规范可以为设计人员提供指导,确保工程设计与相关标准相符。在水利工程中,设计规范可能包括渠道的断面形状、泄洪能力计算、土石坝的防渗措施等。这些规范的遵循有助于提高工程的可靠性、安全性和适用性。

(二)确定责任与义务

工程合同作为工程项目各方之间的法律约定,明确了各方在项目中的责任和义务,是确保项目顺利进行和各方权益得到保障的重要工具。

1.防止纠纷和争议

合同明确规定了各方在工程项目中的职责,避免了在工程实施过程中因责任模糊而引发的争议和纠纷。合同中对业主、施工方、设计方等各方的权利和义务进行了明确规定,为各方提供了明确的指引,减少了误解和矛盾的发生。这在水利工程中尤为重要,因为水利工程通常涉及复杂的技术和管理问题,各方之间的角色和职责需要明确界定,以确保工程的顺利进行。

2.提高合同履约的信任度

合同中明确的责任和义务可以提高各方的合同履约信任度。各方在合同中承诺履行的责任和义务,将鼓励各方更加认真地履行合同条款,减少了因违约而产生的风险。例如,设计方在合同中明确了设计要求和标准,施工方在合同中承诺按照这些要求进行施工,这可以提高各方对合同履约的信心。

3.保障各方的权益

合同中明确的责任和义务有助于保障各方的权益。各方可以根据合同规定来行使自己的权利,同时需要履行自己的义务。这种平衡可以防止一方在工程项目中对另一方施加不合理的压力或要求,确保各方都能够在公平的环境下进行合作。在水利工程中,业主需要按照合同支付款项,施工方需要按时完成工程,设计方需要提供符合要求的设计方案,这些都是各方权益的体现。

(三)确定工程进度

合同规定了工程的开始时间和完成时间,以及工程各阶段的进度要求。这有助于合理安排施工计划,确保工程按时交付。

1.合理安排施工计划

合同中规定的工程进度要求可以帮助项目团队合理安排施工计划。通过明确工程的开始时间、完成时间,以及各个阶段的时间节点,可以为施工方提供明确的时间目标,有助于合理分配资源、安排人员、制订施工计划并确定工作优先级。在水利工程中,特别是对于涉及水文季节变化的工程,合同中的进度要求可以使项目团队更好地应对季节性变化,确保工程进度的稳定。

2.控制工程进度

合同中明确的工程进度要求可以帮助项目团队更好地控制工程进度。各方根据合同规定的时间节点进行工作,可以及时发现进度偏差并采取纠正措施。这有助于避免进度延误,保持工程进度的稳定性,同时为各方提供了对工程进展的明确监控指标。

3.保障工程按时交付

合同中明确的工程进度要求是保障工程按时交付的关键。业主在合同中规定了工程的交付时间,施工方需要按照合同规定的时间节点进行施工,确保工程进度能够满足业主的要求。这对于水利工程尤为重要,因为水利工程往往关系水资源的合理利用和灾害风险的防范,工程的按时交付对于社会、经济和生态环境都具有重要意义。

(四)控制变更和索赔

合同规定了变更和索赔的程序与条件,有助于合理控制工程变更,防止变更导致的成本增加和工期延误。

1.防止成本增加和工期延误

合同中明确的变更和索赔程序可以帮助防止变更导致的成本增加和工期延误。在水利工程中,由于复杂的自然环境和工程特点,变更是难以避免的。合同中规定变更和索赔的条件和流程,可以使各方在变更发生时能够按照合同规定进行处理,避免因变更而产生不必要的争议和纠纷。同时,合同中还可以规定变更和索赔需要经过的程序,如书面申请、审核、批准等,从而确保变更和索赔的合法性和合理性。

2.维护合同平衡

合同中的变更和索赔条款可以维护合同的平衡。在工程实施过程中,由于各种原因可能需要进行变更,而这些变更可能对项目的成本、工期和质量产生影响。合同中规定变更和索赔的程序与条件,可以在一定程度上平衡各方的权益,使变更和索赔的处理更加公正与合理。

3.提高项目透明度

合同中明确的变更和索赔程序可以提高项目的透明度。通过明确的规定,各方在工程变更和索赔方面都应该知道按照什么样的程序和条件进行,避免了信息不对称和隐性成本的产生。这有助于提高各方的合作效率和信任度,促进项目的顺利实施。

(五)保障支付权益

合同规定了款项支付的条件和方式,保障了施工方的合法权益,同时要求施工方按照约定的质量和进度完成工程。

1.保障合同履约

合同中规定款项支付的条件和方式可以保障施工方的合法权益,确保其按照合同的约定履行义务,完成工程任务。在水利工程中,涉及大量的资金支出和工程实施,款项支付的保障能够使施工方在资金方面得到充分的支持,从而更好地履行合同责任。

2.确保工程质量和进度

合同中规定款项支付的条件和方式,通常会与工程的质量和进度紧密相关。施工方需要按照约定的质量标准和进度要求完成工程,才能获得相应的款项支付。这种机制激励施工方按时按质完成工程,确保工程质量和进度的达标。

3.避免经济风险

款项支付的保障可以避免施工方在工程实施过程中面临经济风险。在水利工程中,由于项目周期较长、资金需求大,如果款项支付不到位或不按时,可能导致施工方面临资金压力,影响工程的正常推进。合同中规定款项支付的条件和方式,可以在一定程度上降低施工方的经济风险,保障其合法权益。

二、进度与资金管理的关键考虑因素

在水利工程项目管理中,项目计划的制订和进度的控制是至关重要的。合理的项目计划需要明确各个阶段的任务、工作流程和时间节点。进度控制要求实时监测工程进展,及时发现偏差并采取措施进行调整,以确保工程按时完成。

(一)项目计划的制订与重要性

在水利工程项目管理中,项目计划的制订是确保项目有条不紊进行的基石。一个合理、详尽的项目计划不仅为项目团队提供了明确的工作方向和时间安排,还帮助他们合理分配资源,减少风险,最终实现项目目标。

1.制订项目计划的关键步骤

1)任务分解与工作流程规划

制订水利工程项目计划的首要步骤是对项目进行任务分解和工作流程规划。任务分解是将整个项目分解为更小、更具体的任务和阶段,使项目变得可管理和可控制。这样做有助于明确每个阶段的目标、工作内容和交付物。随后,为每个任务规划详细的工作流程,包括所需的工作步骤、工作顺序,以及涉及的资源。

2)时间节点设定

在任务分解和工作流程规划的基础上,需要设定项目的时间节点。时间节点是项目进展的关键标志,也是监控和控制项目进度的重要依据。通过设定合理的时间节点,可以确保项目各个阶段按时完成,从而推动整个项目的顺利进行。时间节点的设定需要考虑各个任务之间的依赖关系,避免资源冲突和任务延误。

3)资源分配

资源分配是制订项目计划的重要步骤。根据任务分解的结果,确定项目所需的人力、物力和资金资源。合理的资源分配可以确保项目在各个阶段有足够的支持和保障,从而提高项目的执行效率和质量。资源分配需要综合考虑任务的紧急程度、工作量,以及可用资源的情况,避免在项目实施过程中出现资源短缺或浪费现象。

2.项目计划的价值

1)明确目标和方向

项目计划在项目管理中的首要价值是明确项目的目标和方向。通过细致的任务分解和阶段性目标设定,项目计划为整个团队提供了一个清晰的工作蓝图。团队成员可以准确了解每个阶段的目标、工作内容和交付物,从而更好地理解项目的整体目标,并在工作中保持一致的方向。

2)资源优化

项目计划在资源管理方面具有显著的价值。合理规划和分配资源是项目成功的关键之一。通过项目计划,可以根据各个阶段的工作量和优先级,有效地分配人力、物力和资金等资源。这有助于避免资源的浪费和不足,提高资源的利用效率,从而确保项目能够按计划有序进行。

3)风险管理

项目计划还在风险管理方面发挥重要作用。项目中可能会面临各种潜在的风险和不确定性,如技术问题、供应链中断、人员变动等。通过项目计划,可以对这些风险进行预先评估,并制定相应的应对策略。这使得团队能够更早地识别潜在的问题,采取适当的措施来减轻或消除风险对项目进度和成本的影响。

(二)进度控制与及时调整的重要性

进度控制是确保项目按时交付的关键,它需要实时监测工程进展,发现偏差并采取措施进行调整,以避免项目延误或超出预算。

1.实施进度控制的关键方法

1)实时监测与报告

实时监测工程进展是进度控制的基础。通过使用现代的项目管理工具和技术,可以实时追踪项目各个阶段的进度情况。团队可以通过云端平台或软件系统共享项目进展数据,以便及时掌握项目状态。定期生成进度报告,包括已完成工作、进行中的任务、预计完成时间等,有助于团队了解项目的实际情况。

2)发现偏差

进度控制的关键是发现实际进展与计划进度之间的差异。团队需要对已完成的工作量和进行中的任务进行核对,与计划进度进行比对。如果存在任何超前或滞后的情况,应及时发现并记录,以便后续分析和应对。

3)偏差分析与原因追踪

一旦发现偏差,就需要进行深入的分析,找出偏差的原因。偏差的原因可能涉及多个方面,如资源不足、技术问题、沟通不畅等。团队应当对每个偏差进行详细的原因追踪,以便制定有针对性的应对策略。

4)调整与应对

在偏差分析的基础上,团队需要采取相应的调整措施来弥补进度偏差。这可能涉及重新分配资源、优化工作流程、调整任务优先级等。调整措施应当针对具体的偏差原因,最大程度地减少对项目进度的影响。

2.进度控制的价值

1)保障工程按时交付

进度控制的最大价值是确保工程按时交付。通过实时监测工程进展并及时发现偏差,项目团队可以采取必要的调整措施,防止工程出现延误。这有助于满足客户和利益相关者的期望,避免因工程延期而导致的不良影响,同时有利于维护项目团队的声誉。

2)资源有效利用

进度控制有助于保证资源的有效利用。通过对工程进度的监测和分析,团队可以及时调整资源的分配,确保资源在不同阶段和任务中得到最优化的利用。这有助于降低项目成本,避免资源的浪费,提高工作效率。

3)预测和决策

进度控制使项目团队能够更准确地预测工程的完成时间。通过对实际进展与计划进度的比对,团队可以较为准确地预测项目何时能够达到完成状态。这为项目管理者提供了决策依据,使其能够在必要时做出相应的调整,从而更好地应对可能的变化和挑战。

(三)资金预算与成本管理

资金预算与成本管理是项目管理中不可或缺的一环。需要详细估算项目各个阶段的成本,包括人力、材料、设备、运输等方面的费用。同时,要进行有效的成本控制,避免预算超支和资源浪费。

1.资金预算与成本管理的重要性

资金预算与成本管理在水利工程项目管理中具有重要作用,它们直接影响项目的可持续性、效益和成功。通过合理的资金预算和有效的成本管理,项目能够更好地掌握资源利用情况,确保项目按计划顺利进行,同时避免浪费和超支。

2.资金预算的制定与实施

1)项目成本估算

在水利工程项目管理中,项目成本估算是资金预算的首要步骤。这涉及对项目各个阶段的成本进行准确的估算,以确定项目所需的资金总额。成本估算需要考虑多方面因素。

a.人工成本。

人工成本包括人员工资、福利待遇、培训费用等,对项目人力资源的消耗。

b.材料成本。

材料成本包括项目所需材料的采购成本,包括水泥、钢材、管道等成本。

c.设备成本。

设备成本包括租赁或购买项目所需的设备和机械的成本。

d.运输成本。

运输成本包括材料和设备的运输费用,特别是对于分布在不同地点的项目。

e.管理和间接成本。

管理和间接成本包括项目管理团队的成本、办公用品、通信费用等。

2)预算制定

基于成本估算结果,制定详细的项目预算是资金预算的核心。预算的制定应考虑以下几个方面。

a.明确费用分类。

将项目的成本细分为不同的费用类别,如直接成本、间接成本等,以便更好地掌握资金使用情况。

b.阶段性预算。

将预算分配到项目的不同阶段和任务中,确保每个阶段有足够的资金支持。

c.预算编制程序。

制定预算编制的详细程序,确保预算的准确性和透明度。

3）资金筹集和分配

一旦预算制定完成,项目需要确保有足够的资金支持。资金筹集和分配需要考虑以下几点。

a.资金来源。

确定资金的来源,可以是项目业主的资金投入、贷款、政府拨款等。

b.资金分配计划。

将预算按照项目的实际进度和需要进行分配,确保每个阶段都能得到充分的资金支持。

c.资金管理机制。

建立资金管理机制,包括资金账户设立、支付流程等,以确保资金的有效使用。

4）实施与监控

在项目的实施过程中,实施资金预算和监控资金使用情况非常重要。这可以通过以下方式实现。

a.实时监控。

对项目的资金使用情况进行实时监控,确保资金按照预算合理使用。

b.成本核对。

定期核对实际支出与预算,及时发现偏差并进行调整。

c.异常情况处理。

如果出现资金紧张或超支情况,需要及时采取措施,如调整预算、寻找额外资金等。

通过合理的成本估算、预算制定和资金筹集,以及实施和监控过程的有效管理,可以确保项目按计划顺利进行,避免资金不足或浪费的情况出现。这对于项目的成功交付和效益实现具有至关重要的作用。

3.资金预算的价值

1）合理规划资源

资金预算在水利工程项目管理中具有重要的价值,体现在其帮助项目团队合理规划和分配资源。水利工程项目通常涉及大量的人力、材料、设备和资金等资源。通过资金预算,项目团队可以更好地了解项目的整体资源需求,从而更精确地规划资源的分配和使用。合理规划资源不仅有助于确保项目按计划进行,还可以最大程度地优化资源配置,提高资源利用效率。例如,对于水利工程中的不同施工阶段,通过资金预算可以预先安排所需的材料供应,避免因为资源短缺而影响工程进度。

2）防止超支和浪费

在水利工程项目中,资金往往是有限的,因此必须合理控制支出,避免超出预算范围。通过制订详细的预算计划,项目团队可以明确每个阶段和任务的预期费用,并将预算与实际支出进行对比。这有助于及早发现潜在的预算超支情况,采取相应的措施进行调整。

此外,资金预算还有助于防止资源浪费,因为项目团队在预算的约束下会更加慎重地使用资金。例如,对于水利工程中的材料采购,资金预算可以帮助选择合适的供应商和数量,避免材料过剩或过少。

4. 管理与控制的实施

1) 成本控制策略

在水利工程项目管理中,成本控制策略的制定是确保项目顺利运行的重要环节。成本控制策略应当明确具体目标和方法,以及如何在项目的各个阶段实施成本控制。首先,需要制订详细的预算计划,将项目的各个方面费用进行合理地分配。其次,要建立严格的审批制度,确保所有开支都经过合理的审批流程,避免未经批准的费用支出。最后,设定成本控制的警戒线和报警线,一旦超出这些线,就会触发相应的预警和控制措施。

2) 实时监测和分析

实时监测是成本控制的重要手段之一。项目团队应当对项目成本进行持续的实时监测,及时掌握项目的资金流动情况。这可以通过建立项目成本数据库、使用成本管理软件等方式实现。实时监测不仅包括记录实际支出,还包括比对实际支出与预算的差异。通过及时比对,可以发现成本偏差,即实际支出与预算之间的差异,从而及时采取调整措施。

3) 偏差分析与调整

在实时监测的基础上,项目团队需要进行详细的成本偏差分析。成本偏差可能是正向的,即实际支出低于预算,也可能是负向的,即实际支出高于预算。无论哪种情况,都需要进行分析,找出成本偏差的原因。原因可能涉及项目计划的调整、材料价格波动、施工进度延误等。基于偏差分析的结果,项目团队需要制定相应的调整措施,尽量减少成本偏差对项目的影响。

4) 成本控制文化

成本控制不仅是一种技术活动,更是一种文化和态度。项目团队应当培养成本控制的意识,使每个团队成员都能够从成本的角度来思考问题。这可以通过定期的成本培训、分享会议等途径实现。同时,项目领导应当树立榜样,树立节约资金的形象,鼓励团队成员从小处着手,做到精打细算,避免浪费。

5. 成本管理与控制的价值

1) 合理利用资源

成本管理与控制在水利工程项目中的价值体现在资源的合理利用上。通过精细的成本管理,项目团队可以更好地分析和计划资源的使用,避免浪费和过度投入。成本管理有助于识别哪些方面的成本可以削减,从而使资源的利用更加高效和经济,进而降低项目的总成本。

2) 预防性控制

成本管理的价值还表现在预防性控制方面。及时监测和分析项目成本,发现成本偏差,可以迅速采取措施进行调整,防止成本问题进一步扩大。通过预警系统和成本监控,项目管理者可以在成本问题变得无法控制之前,就采取有效的措施,从而降低项目风险,确保项目按时完成。

3）决策依据

成本管理为项目管理者提供了重要的决策依据。通过实时监测和分析成本数据，项目管理者可以更加准确地了解项目的财务状况，判断项目是否在预算范围内运行。这为管理者提供了做出决策的基础，例如是否需要进行成本调整、是否需要更改项目策略等。有了准确的成本数据作为支持，管理者可以更有信心地做出决策，使项目的执行更加有针对性和有效性。

资金预算与成本管理是水利工程项目管理中不可忽视的核心内容，通过合理的资金预算与有效的成本控制，可以确保项目按时交付、资源合理利用，实现项目的成功。

第四章 水利工程维护与运营管理

第一节 水利工程维护与运营管理的重要性

一、维护与运营管理对水利工程可持续性的影响

维护与运营管理在水利工程中具有重要的作用,对工程的可持续性产生深远影响。

(一)延长工程寿命与保障工程安全

1.延长工程寿命

维护与运营管理在水利工程中的作用之一是延长工程的寿命。定期的检查、保养和维护可以有效地减缓工程设施的老化速度,延长其使用寿命。例如,水坝的定期巡检和修复可以避免混凝土龟裂、渗漏等问题,确保水坝结构的稳定性和安全性,使其能够长期承担防洪和供水等功能。

1)老化机制与影响

水利工程设施在长期的运行过程中,受到自然环境、水流作用、温度变化等多种因素的影响,逐渐老化。混凝土、金属材料等在长期使用中容易出现龟裂、腐蚀、疲劳等问题,从而影响工程的稳定性和安全性。

2)定期检查与预防性维护

维护与运营管理中的定期检查和预防性维护是延长工程寿命的关键措施之一。通过定期对工程设施进行全面的检查和评估,可以及早发现潜在问题,并采取相应的维护措施,防止问题进一步恶化。例如,定期检查水坝的堤体、坝基,及时处理发现的裂缝和渗漏问题,防止进一步扩展。

3)定向修复与加固

针对已经出现的问题,维护与运营管理需要采取定向修复和加固措施,以延长工程寿命。例如,对于已出现的混凝土龟裂,可以采用注浆、补漏等方法进行修复,恢复结构的完整性和强度。此外,对于存在腐蚀问题的金属部件,可以进行涂层保护或防腐处理,延缓腐蚀速度。

2.保障工程安全

维护与运营管理在水利工程中至关重要的作用是保障工程的安全。通过维护和管理工程设施,及时发现和解决安全隐患,可以防止工程设施的突发故障和事故,从而保障人员和环境的安全。

1)定期检查与维护

定期检查与维护是保障工程安全的基础。维护人员应制订详细的检查计划,对工程设施的关键部位进行定期检查,发现设备老化、腐蚀、磨损等问题,及时进行修复或更换。

例如,在大坝工程中,定期检查坝体、泄水设施、堤坡等,以确保其结构稳定,防止发生坝体破坏事故。

2)预防性维护措施

维护与运营管理应采取预防性维护措施,以减少事故发生的可能性。例如,在水库工程中,维护人员可以定期清理水库底部的淤泥和杂草,以防止水体淤积和排水不畅,从而减少洪水的风险。此外,定期检查防洪设施的完整性,确保其在洪水来临时能够正常发挥作用。

3)紧急响应计划

维护与运营管理还应制订紧急响应计划,以应对突发情况。这包括事故发生时的紧急处理步骤、责任分工、应急联系方式等。例如,在水坝工程中,如果发现坝体出现渗漏或裂缝,应有明确的紧急处理方案,及时采取措施避免进一步加剧问题。

(二)提高工程效率与性能

维护与运营管理在水利工程中对提高工程效率和性能起着至关重要的作用,通过保障设备正常运行和保持水力性能,实现工程的高效运行。

1.提高设备运行效率

维护与运营管理对水利工程设备的运行效率具有显著的影响。定期的保养和维护可以保持设备的正常运转,减少故障频率,从而提高生产效率和可靠性。

1)定期保养和维护

维护人员应制订详细的保养计划,定期检查和维护设备的各个部件。例如,水力发电站中的涡轮机、发电机等设备,需要定期检查轴承、润滑系统、密封装置等,以确保其高效稳定运行。

2)故障预防

维护与运营管理应注重故障预防,及时发现设备可能存在的问题并加以修复,防止设备因小问题而演变为大故障。例如,及时更换老化的零部件、调整设备的工作参数等,可以避免设备性能下降。

2.保持水力性能

维护与运营管理还有助于保持水利工程的水力性能,确保水流通畅,提高工程的排涝、供水和发电效率。

1)水流通道维护

定期清理水流通道中的淤泥、杂草等杂质,防止水流通道堵塞,保持水流顺畅。例如,灌溉渠道的定期疏通可以保证灌溉水的顺利供应。

2)泄洪设施维护

泄洪设施的保养对于防洪和安全运行至关重要。定期检查泄洪孔、泄洪闸等设施,确保其畅通无阻,以减缓洪水威胁。

3)监测水位和流量

实时监测水位和流量等数据,根据监测数据调整水利工程的运行,保持水体在合适的水位范围内,提高水力性能。

通过提高维护设备运行效率和保持水力性能,维护与运营管理可以显著提高水利工程的整体效率和性能,实现资源的有效利用和节约,同时为人们提供更好的水资源管理和利用方式。

例如,中国的三峡水利枢纽工程,通过精细的维护和运营管理,保持了水电站的高效发电,减少了设备的损耗,确保了工程的长期可持续运行。水力发电站根据季节性的水位变化调整发电策略,使发电效益最大化,充分发挥了工程的性能。

维护与运营管理通过提高设备运行效率和保持水力性能,实现了水利工程的高效运行。定期保养、故障预防及水流通道和泄洪设施的维护都是确保工程保持高效的关键环节。这不仅有助于资源的有效利用,还提升了工程的可持续性和社会效益。

(三)保护环境与生态平衡

维护与运营管理在水利工程中不仅关乎工程的正常运行,更是对环境和生态平衡的保护,确保水资源的可持续利用和生态健康。

1.环境影响的减小

维护与运营管理需要将环境因素纳入考虑范围内,以减小水利工程对环境的不良影响。合理的环境管理措施能够减少工程施工和运营阶段对周边环境造成的污染和破坏。

1)水位调控

合理的水位管理可以有效减少水体的泥沙淤积,降低对水生态系统的冲击。例如,针对水库等水体,根据季节变化和生态需求,采取科学调度措施调整水位,既满足水利工程的需求,又保护了下游河道的生态平衡。通过定期监测和调整,可以确保水位管理对生态系统影响的最小化。

2)废水处理

水利工程在运营过程中可能会产生废水,这些废水中含有各种污染物。采用先进的废水处理技术,对这些废水进行处理和净化,以确保排放的废水达到环保标准。例如,利用生物处理、膜技术等手段,将废水中的污染物去除或降解,从而减少对水体的污染。

3)土地恢复

在工程建设过程中,可能会占用大片土地,影响周边的生态环境。维护与运营结束后,进行土地恢复和绿化是关键步骤,以降低土地退化的风险并促进生态系统的恢复。通过合理的绿化和土壤修复,可以帮助恢复土地的自然状态,减少对土地资源的损害。

2.生态系统的保护

维护与运营管理对于水利工程所在区域的生态系统保护具有重要意义。通过合理的水利管理和保护措施,可以保护水生生物多样性和维护生态平衡。

1)水体生态环境保护

保护水体生态环境是维护生态平衡的关键。合理的水位管理和流量控制可以维护湿地生态系统的稳定。例如,通过模拟自然的水位波动,保护湿地鸟类、鱼类等生态资源。这种措施有助于保护生态系统的完整性,维持生态过程的正常运行。例如,在某湖泊维护与运营项目中,管理者定期调整湖泊水位,模拟自然水位波动,以维护湿地生态系统。这有助于保持湿地的水生生物多样性,保护了湿地生态系统。

2)水质保护

维护与运营管理应注重水质保护,避免工程排放对水体水质的污染。通过设立水源保护区、加强水质监测等措施,可以确保水体的健康。保护水质有助于维护水生生物的生存环境,促进水体的自净能力。例如,某水库的维护团队建立了水源保护区,严格控制在此区域内的污染源,以确保水库的水质不受污染。此举有效地保护了水库的生态环境。

3) 生态修复

对于影响生态系统的工程,如河流修复工程,维护与运营管理需要实施生态修复措施,以恢复水生态系统的自然功能。这可能包括湿地的恢复、植被的重新种植等手段,有助于重建受损的生态系统。例如,在某条生态系统受损严重河流的维护项目中,维护团队不仅进行了河道的修复,还进行了湿地的恢复工作。通过重新建立湿地植被,恢复了河流周边的生态功能。

通过维护与运营管理,水利工程不仅为人类提供了水资源,还能保护环境和生态平衡。合理的环境管理和生态保护措施,确保了水资源的可持续利用,保护了生物多样性,为可持续发展创造了更好的条件。

(四) 提升服务水平与社会效益

维护与运营管理在水利工程中具有提升社会效益和基础设施服务水平的作用,通过保障工程设施的正常运行,为社会提供了可靠的水资源服务,促进了社会的发展和进步。

1.基础设施服务水平

维护与运营管理对水利工程的基础设施服务水平有着显著影响。通过合理的维护与运营管理,确保工程设施的高效运行,从而为社会提供稳定的水资源供应和相关服务。

1) 城市排水系统

城市排水系统的畅通对于城市的正常运行至关重要。维护与运营管理在保障排水系统的畅通方面起着关键作用。定期的清理和维护可以预防城市排水系统的堵塞和积水现象,从而有效避免城市内涝的发生,保障市民的日常生活和交通运行。例如,某城市的排水系统维护团队定期对排水管道进行清理和疏通,确保雨水可以迅速排出城区。这在暴雨来临时,减少了城市内涝的风险,维护了市民的正常生活。

2) 防洪设施

防洪设施在防范洪水灾害中起着重要作用。维护与运营管理可以确保防洪设施的随时可用性。在洪水来临时,合理运行防洪设施,及时调整水位和水流,可减少洪水对人们生命和财产的威胁,保障社会的安全稳定。例如,某沿海城市的防洪管理团队密切关注气象预报,一旦预测到即将来临的强台风,他们会提前采取措施,调整海堤的开关,以减小洪水冲击的影响。这些措施有效减少了洪灾的损害。

通过维护与运营管理,水利工程的基础设施服务水平得以保障,确保了水资源的合理利用,为社会提供了稳定的水资源和防灾服务。这些措施不仅提高了工程的可靠性和安全性,也为社会的可持续发展作出了积极贡献。

2.农田灌溉和农作物产量

维护与运营管理对农田灌溉系统也具有重要的影响。保障灌溉设施的正常运行,直接关系农作物的产量和农业的可持续发展。

1) 农田灌溉

维护与运营管理需要保证农田灌溉设施的通畅和高效。合理的灌溉安排和设施维护,对于保障农田的水资源供应至关重要。定期的设施检查和维护,可以避免灌溉管道堵塞和漏水问题,确保水流顺畅抵达农田。例如,某农业合作社的灌溉系统采用定时自动灌溉,但由于长时间运行和环境影响,灌溉管道出现堵塞情况,导致部分田地无法得到足够的水源。维护与运营团队及时发现问题,对管道进行清理和修复,确保灌溉正常进行,最终保障了作物的生长。

2) 农作物产量

维护与运营管理的良好实施,可以直接影响农作物的产量和质量。适时的灌溉、施肥、病虫害防治等管理措施,对于保障农作物的健康生长至关重要。合理地运用灌溉水源和肥料,可以提供农作物所需的水分和养分,从而促进农作物的生长和发育。例如,某农场采用精准灌溉系统,根据土壤湿度和气象信息进行智能灌溉。这种系统可以精确控制灌溉量,避免过度灌溉或不足灌溉,从而保障了农作物的水分供应,提高了产量和质量。

维护与运营管理对水利工程的可持续性产生深远影响。它可以延长工程寿命、保障工程安全、提高工程效率和性能、保护环境和生态平衡、提升基础设施服务水平和社会效益。通过科学的维护与运营管理,水利工程可以持续发挥其功能,为社会和经济发展作出贡献。

二、现代水利工程维护与运营管理的挑战

现代水利工程维护与运营管理面临着一系列挑战,需要采取有效措施来应对。

(一)技术复杂性

现代水利工程的技术复杂性是维护与运营面临的重要挑战之一。虽然高新技术的应用为工程带来了诸多优势,但也引入了一系列技术复杂性,对维护人员的要求更高,对工程的稳定性和可持续性产生了影响。

1. 多学科交叉知识的要求

许多现代水利工程在设计和建设阶段融合了多个学科的知识,如土木工程、电气工程、信息技术等。维护人员需要具备这些多领域的交叉知识,以便理解和处理工程中各个子系统之间的相互关系和影响。例如,水库管理可能需要涉及水文学、水资源管理、地质学等多个领域的知识,以应对各种情况。

1) 土木工程

水利工程涉及大量的土木结构,如水坝、水闸、输水管道等。维护人员需要了解土木工程的原理、结构和性能,以便监测结构的健康状况,进行定期检修和维护,确保工程的结构安全。

2) 电气工程

许多水利工程配备了自动化控制系统、监测设备和电气设施。维护人员需要掌握电气工程的知识,以便维护和修复电气设备,确保自动化系统的稳定运行。

3) 信息技术

现代水利工程普遍采用信息技术来实现远程监控、数据采集和分析。维护人员需要了解信息技术的应用,以便操作监测系统、分析数据并及时做出决策。

4)水文学与水资源管理

在水利工程的维护与运营中,了解水文学与水资源管理的知识非常重要。维护人员需要了解水文数据的采集和分析,预测水文情况,做出合理的水资源调度。

5)环境科学

在维护与运营过程中,需要考虑工程对环境的影响。维护人员需要了解环境科学的知识,以确保工程运营不对周围环境造成负面影响。

2.复杂设备和系统的运行维护

许多现代水利工程采用了复杂的设备和系统,如自动化控制系统、遥感监测系统等。这些系统涉及大量的传感器、数据采集装置、数据处理软件等。维护人员需要熟悉这些系统的工作原理和操作流程,以及在发生故障时的应急处理方法。例如,水闸自动化控制系统可能包括水位传感器、执行机构、控制算法等多个组成部分,维护人员需要确保这些部分的协调工作。

1)系统复杂性与集成挑战

现代水利工程的复杂设备和系统往往是由多个组件和子系统组成的,这些组件之间需要协调运行。维护人员需要深入了解系统的整体架构和各个部分之间的相互作用,以确保系统的稳定性和高效运行。然而,系统的复杂性可能导致在故障排查时难以快速定位,增加了维护的难度。

2)技术更新和升级难题

随着技术的不断进步,水利工程中采用的设备和系统可能需要进行更新和升级,以适应新的需求和技术标准。然而,设备和系统的更新可能涉及硬件、软件、接口等多个方面,维护人员需要在不中断正常运行的情况下进行更新,这需要精细的计划和操作。

3)故障诊断和修复复杂性

复杂设备和系统的故障诊断和修复需要具备较高的技术水平。维护人员需要能够分析故障的根本原因,从多个可能性中找出正确的解决方案。而一些故障可能是由于多个部件相互影响引起的,需要耐心和细致的排查。

3.高精度要求下的维护与校准

现代水利工程的一大特点是精度要求较高。例如,某些工程的水位控制需要精确到厘米级别。这就要求维护人员不仅要保障设备正常运行,还要进行定期的校准和检验,以确保系统输出的数据和结果的准确性。高精度的维护和校准需要高水平的技术和仪器支持。

1)仪器和设备的复杂性

在高精度要求下进行维护和校准需要使用高精度的仪器和设备。然而,这些仪器和设备往往也较为复杂,需要维护人员具备深厚的专业知识和操作经验。维护人员需要了解这些仪器的工作原理,能够正确地进行操作和维护,以确保仪器的准确性和可靠性。

2)环境变化的影响

环境因素如温度、湿度、气压等可能会对精密仪器和设备的性能产生影响,从而影响校准和测量的准确性。维护人员需要考虑如何在不同的环境条件下进行校准,以保证数据的一致性和准确性。

3)数据处理和分析的挑战

高精度的维护和校准产生大量的数据,需要进行有效的数据处理和分析。维护人员需要具备数据分析的技能,能够识别数据中的异常和趋势,从而判断是否需要进行校准或调整。

(二)设备老化与维护难题

随着水利工程设备使用时间的延长,设备老化和损耗成为现代水利工程维护与运营所面临的严峻挑战之一。设备老化不仅会影响工程的正常运行,还会增加维护的难度和成本,需要采取有效措施来保障工程的持续稳定运行。

1.降低设备性能和可靠性

随着设备的老化,其性能和可靠性逐渐下降。例如,水泵的叶片磨损、管道的锈蚀会导致水流的阻力增加,从而降低水泵的抽水效率。老化设备的故障频率也会增加,可能导致工程停工和生产中断,影响水利工程的正常运行。

1)性能下降对工程效率的影响

老化设备的性能下降会直接影响水利工程的运行效率。例如,水泵的抽水效率降低会导致能耗增加,而输水管道的阻力增加则会影响输水能力。这不仅会增加运行成本,还可能导致工程无法满足原本设计的性能指标,降低工程的经济效益和社会效益。

2)故障频率的提高

老化设备的故障频率往往会随着时间的推移逐渐增加。设备的部件磨损、腐蚀、老化等问题可能导致设备更容易发生故障,从而导致工程的停工和生产中断。这对于需要持续运行的水利工程来说,后果尤其严重,可能导致供水中断、排水不畅等问题,影响社会生活和生产活动。

3)维修和更换成本的上升

随着设备老化,维修和更换成本也会逐渐上升。老化设备可能需要更频繁地维修和更换,由于部件老化,维修可能需要更多的时间和资源。高维修成本和更换成本可能会对工程的经济可行性产生负面影响,甚至可能需要提前进行预算安排。

4)可靠性下降对工程安全的威胁

设备的可靠性下降可能对工程安全构成威胁。例如,水坝的老化可能导致结构不稳定,增加坝体破坏的风险,进而危及下游地区的安全。维护和更换老化设备是确保工程安全的关键措施之一,但这也需要大量的资金和资源投入。

2.维护成本的增加

随着设备老化,维护和修理的频率和成本逐渐增加。老化设备可能需要更频繁的维护和更多的零部件更换,这会导致维护成本的上升。同时,由于一些老化部件的生产已经停止,寻找替代零部件可能会增加采购成本和维修时间。

1)频繁维护和修理的成本

随着设备的老化,其部件更容易磨损、腐蚀和故障,导致需要更频繁地维护和修理。维护人员不仅需要花费更多的时间来检查和维护设备,还需要购买更多的维护材料和零部件,从而增加了维护成本。频繁的维护和修理也可能导致工程的停工时间增加,进一步影响工程的效益和生产。

2) 零部件更换的困难和成本上升

随着时间的推移,一些老化设备的零部件可能已经停止生产,或在市场上难以找到合适的替代品。这可能导致维护人员需要花费更多的时间和资源来寻找替代零部件,甚至可能需要定制生产,增加了采购成本。此外,由于零部件的稀缺性,其价格可能会上升,从而进一步增加维护成本。

3) 维护人员培训和专业知识更新的需求

随着设备技术的更新和演进,维护人员需要不断更新自己的专业知识和技能,以适应新的维护要求。这可能需要投入额外的培训成本,以确保维护人员能够有效地处理老化设备的问题。同时,维护人员需要了解新的维护方法和技术,以提高维护效率和减少成本。

3.缺乏合适的维护策略

老化设备的维护需要制定适当的策略,但在实际操作中,缺乏有效的维护计划可能会导致维护不足或过度维护。维护不足可能导致设备更快地老化,从而加速其性能下降;而过度维护可能会浪费资源和成本,降低维护效益。

1) 设备状态评估的难度

制定有效的维护策略需要基于准确的设备状态评估。然而,老化设备的状态评估可能相对复杂,涉及多个因素的综合考量,如设备的运行时间、负荷情况、损耗程度等。缺乏准确的设备状态信息可能导致维护策略的不精确,影响维护效果。

2) 维护优先级的权衡

在制定维护策略时,需要权衡不同设备的维护优先级。一些设备可能对工程的正常运行更为关键,而另一些设备可能对系统性能影响较小。缺乏明确的优先级指导可能导致资源的不合理分配,影响维护效益。

3) 维护成本与效益的平衡

制定维护策略时,需要平衡维护成本与效益。过度保守的维护策略可能会导致资源浪费,而过于简化的策略可能无法保障设备正常运行。缺乏有效的方法来评估维护成本和效益之间的平衡可能导致不适当的决策。

4) 维护技术和方法的选择

针对不同类型的老化设备,选择适当的维护技术和方法是关键。然而,缺乏对不同技术和方法的全面了解,维护人员可能难以做出正确的选择。不合适的维护方法可能导致维护效果不佳,甚至可能对设备造成损害。

(三) 资金和人才不足

现代水利工程的维护与运营需要投入大量的资金和人力资源,然而,一些地区面临资金紧缺和维护人才短缺的挑战。这些问题对工程的稳定性、安全性和可持续性产生深远影响。

1.维护不及时、不充分

资金有限和人才短缺可能导致维护工作无法及时进行或不充分,从而影响工程设施的正常运行和安全性。例如,一些设备可能需要定期检修和维护,但由于资金不足,维护计划被推迟或减少,可能导致设备的故障频率增加,进而影响工程的稳定性。

1）资金有限导致维护计划延迟

水利工程的维护需要投入大量的资金，包括设备维修、零部件更换、人员培训等方面的资金。然而，一些地区可能面临资金有限的问题，导致维护计划被推迟或缩减。这可能使设备在老化和损耗的情况下持续运行，增加了设备故障的风险，影响工程的可靠性和安全性。

2）人才短缺影响维护效果

水利工程维护需要具备丰富的专业知识和技能的维护人员。然而，现实中可能存在维护人员短缺的问题，特别是对于一些技术要求较高的设备和系统。缺乏足够的维护人员可能导致维护工作不充分，无法及时检修和维护设备，进而影响工程的正常运行。

3）维护优先级的挑战

在资金有限和人才短缺的情况下，维护团队可能需要面临不同设备之间优先级的权衡。一些关键设备可能需要更频繁的维护，但其他设备也需要得到适当的关注。缺乏明确的维护优先级可能导致一些设备的维护被忽略，影响整体工程的可靠性。

4）长期影响工程稳定性

维护不及时或不充分可能导致设备性能逐渐下降，甚至可能出现故障。这些问题的积累可能会长期影响工程的稳定性，进而影响供水、排水、防洪等基础设施的正常运行。如果问题得不到及时解决，可能会引发更严重的后果。

2.安全隐患增加

维护不充分会增加工程的安全隐患。例如，如果水坝、水闸等工程设施的定期检查和维护被忽略，可能出现设施老化、渗漏等问题，从而增加工程事故的风险，危及周边地区的安全。

1）设施老化引发隐患

维护不充分导致工程设施逐渐老化，如水坝、水闸、管道等，其结构、材料等性能可能逐渐减弱，从而增加发生事故的风险。老化设施可能出现裂缝、变形、渗漏等问题，影响工程的稳定性和安全性，甚至可能导致设施的失效。

2）突发故障威胁安全

维护不充分可能导致设备突发故障，如水泵、阀门等突然停止工作。这可能会引发工程运行异常，影响供水、排水、防洪等功能，进而威胁周边地区的安全。特别是对于防洪设施等关键工程，突发故障可能引发灾害性后果。

3）渗漏等问题导致环境风险

维护不充分可能导致工程设施出现渗漏、泄漏等问题，如水坝渗漏、水闸密封失效等。这可能会导致水体污染、土壤侵蚀等环境问题，危及周边生态系统和居民的安全。

3.工程效益下降

维护不足会导致工程效益下降。一方面，工程设施的正常运行需要足够的维护支持，否则可能影响工程的产能和生产效率。另一方面，由于未及时维护，设备的寿命可能缩短，进而增加了更频繁的更换和维修成本，导致工程的经济效益下降。

1）工程产能和生产效率的下降

维护不足可能导致工程设施的正常运行受到影响，进而降低工程的产能和生产效率。工程设施通常是为特定的功能和任务而设计的，如供水、排水、能源生产等。如果这些设施未得到适当的维护支持，其性能可能会下降，从而影响工程的产能和生产效率。例如，一座水泵站的正常运行对于城市的供水和排水至关重要。如果水泵设备未定期维护,叶片磨损、机械部件老化等问题可能导致水泵的抽水效率降低,进而影响城市的供水能力。类似地,发电厂的发电设备如果未得到适当的维护,可能导致能源产量下降,影响电力供应稳定性。

2) 频繁更换和维修成本的增加

设备在使用过程中会受到磨损、腐蚀等因素的影响,如果未得到及时的维护,可能导致故障的频繁发生。频繁的维修和更换不仅会增加维修成本,还可能导致工程的停工和生产中断,影响工程的正常运行。以水力发电站为例,水轮机、发电机等设备在长期运行过程中会受到水流冲击、磨损等因素的影响。如果这些设备未及时得到维护,可能导致设备性能下降、故障发生频繁,进而需要更频繁地维修和更换,增加了运行维护成本。

(四)环境保护与生态平衡

在现代水利工程的维护与运营过程中,环境保护和生态平衡成为日益重要的问题。虽然维护与运营是确保工程正常运行的关键,但一些维护活动可能对周围环境产生负面影响,因此需要采取措施以维护生态平衡。

1.生态系统受损风险

在现代水利工程的维护与运营中,生态系统受损风险是一个不容忽视的问题。维护活动可能对周围的生态系统造成潜在的破坏,这对环境保护和生态平衡构成了严峻的挑战。

1) 维护活动对生态系统的影响

水利工程维护与运营活动中的一些常规操作,如水域清理、堤防加固、岸边整治等,都涉及对自然环境的干预。然而,这些操作可能会破坏原有的生态系统结构,导致生态平衡的破坏。例如,在进行水域清理时,可能会清除一些水生植物,这些植物是水生生物的重要栖息地和食物来源。如果清理不当,可能导致某些物种失去栖息地,影响生物多样性。

2) 潜在的影响与后果

生态系统的受损可能导致一系列负面影响。首先,一些物种可能会失去栖息地,影响它们的生存和繁衍。其次,受损的生态系统可能无法提供足够的食物和资源,影响整个食物链的稳定。最后,生态系统的破坏还可能导致生态功能的丧失,如水体净化、防洪等功能受到削弱。

2.水质和土壤污染

在现代水利工程维护与运营中,水质和土壤污染是一个需要高度关注的问题。一些维护与运营活动可能引发有害物质进入水体和土壤,对环境和生态系统造成污染风险。

1) 维护活动对水质和土壤的影响

在水利工程的维护与运营过程中,一些操作可能导致化学物质进入水体和土壤中,从而引发水质和土壤污染。例如,在进行设施修复或涂漆时使用化学涂料,其中的有害物质可能会通过雨水流入水体,造成水质污染。此外,清理工程设施产生的废弃物和污染物,如果未经适当处理,可能会渗入土壤,导致土壤污染。

2) 污染的潜在影响与后果

水质和土壤污染可能对生态系统、人类健康和社会经济产生多方面的影响。首先,污染物进入水体后可能危害水生生物,影响水生态系统的稳定。其次,受污染的土壤可能影响农作物生长,甚至造成农产品污染,对食品安全构成威胁。最后,一些污染物可能逐渐渗透至地下,污染地下水资源。

3.生态多样性下降

在现代水利工程维护与运营中,生态多样性下降是一个需要重视的问题。维护活动可能导致栖息地的改变甚至丧失,进而影响物种的多样性。

1)维护活动与生态多样性

维护与运营活动可能会改变工程周边的生态环境,影响栖息地的结构和特性,从而导致生态多样性下降。一些植物和动物物种对栖息地的特定条件有较高要求,如湿地鸟类需要湿地环境,森林生物需要森林覆盖。过度的维护活动可能破坏这些特定条件,使得这些物种难以生存。

2)影响与后果

生态多样性是维护生态平衡、生态系统稳定性和生态服务功能的关键因素。维护活动引发的生态多样性下降可能会导致以下影响与后果。

a.物种数量减少。

生态多样性的下降可能导致某些物种的栖息地消失或丧失,从而使这些物种的数量减少甚至面临灭绝。特定生境的丧失可能影响物种的繁殖、生存和迁徙,对野生动植物的种群健康构成威胁。

b.生态系统功能减弱。

生态多样性对于生态系统的功能和稳定性具有重要影响。生态系统中的不同物种相互作用,维持着食物链、能量流和生态位分工。生态多样性下降可能破坏这些相互作用,导致生态系统的功能减弱。例如,食物链中某个关键物种的减少可能导致食物链崩溃,影响整个生态系统的运转。

c.生态平衡被打破。

生态平衡是维持生态系统稳定的重要因素之一。不同物种之间的相互关系和控制使生态系统能够自我调节,维持相对稳定的状态。然而,生态多样性下降可能破坏这种平衡,引发生态系统的不稳定。例如,某些控制性捕食者物种的减少可能导致食草动物过度繁殖,进而影响植物群落的结构。

d.生态服务受损。

生态系统为人类提供各种生态服务,如水资源供应、气候调节、土壤保持等。生态多样性的下降可能会影响这些生态服务的供给和质量。例如,湿地的生态多样性下降可能导致其净化和洪水调节功能减弱,影响周边地区的水资源利用。

第二节 水利工程运行与效益评估

一、水利工程运行管理的原则与方法

(一)水利工程运行管理的原则

1.安全优先

水利工程运行管理的首要原则是保障人员安全和工程设施的安全。在水利工程运行过程中,安全意识和安全管理应贯穿始终。这包括制定和执行安全操作规程、提供必要的培训、确保操作人员了解和遵守安全标准、减少事故风险、防范潜在的灾害。

1)制定安全操作规程

在水利工程运行管理中,制定明确的安全操作规程是确保安全的基础。这些规程应涵盖各种操作情况和应急情况,明确操作流程、安全注意事项和应对措施,为操作人员提供操作指南,降低操作风险。

2)提供必要培训

对操作人员进行必要的培训,使其了解工程设施的特点、安全操作规程和应急处理方法。培训应包括安全意识教育、操作技能培训和事故应对演练,帮助操作人员在紧急情况下迅速做出正确的反应。

3)强化安全意识

安全意识的培养是保障工程安全的重要环节。通过定期的安全培训、安全会议和安全演习,提高操作人员和管理人员的安全意识,使其养成遵守安全规程的习惯。

2.预防性维护

采取预防性维护措施是确保水利工程设施正常运行的关键。定期的检查、保养和维护可以有效地预防设备故障,避免潜在问题逐渐恶化。通过规定的维护计划,工程管理团队可以定期检查设备、更换磨损部件、延长设备的使用寿命,降低维护成本和缩短停工时间。

1)定期检查与保养

在水利工程运行管理中,定期的设备检查和保养是预防性维护的核心。工程管理团队应根据设备的特性和使用情况,制订详细的检查和保养计划。例如,对于水泵设备,定期检查泵体、轴承、密封件等部件的磨损程度,及时更换磨损的部件,确保设备的正常运行。

2)磨损部件的更换

预防性维护还包括磨损部件的定期更换。根据设备的使用寿命和磨损情况,提前计划更换工作,避免因磨损部件损坏而导致设备故障。例如,对于输水管道,根据管道材质和使用年限,制订更换计划,及时更换老化的管道,避免管道破裂和水资源浪费。

3)润滑和清洁

正确的润滑和清洁可以延长设备的使用寿命,提高工作效率。在预防性维护中,润滑油的更换和部件的清洁是重要的环节。例如,对于大型水闸设备,定期更换润滑油、清理水闸门槽,确保水闸的顺畅运行。

4)校准与调整

部分设备需要定期校准与调整,以确保其正常工作。例如,自动化控制系统中的传感器和执行机构,需要定期校准以保持其准确性和稳定性。工程管理团队应制订校准计划,确保设备的工作状态符合预期。

3.数据驱动决策

在现代水利工程中,各种传感器、监测系统和数据采集装置被广泛应用。通过实时收集运行数据,如设备状态、水位、流量等,利用数据分析和预测技术,工程管理者可以做出更科学的决策,包括根据数据走势预测设备故障、调整运行策略以优化性能、提前预防潜在问题。

1）实时数据收集与监测

现代水利工程中,传感器、监测系统和数据采集装置的应用使得实时数据收集成为可能。这些设备可以实时监测水位、流量、压力、温度等各种参数,将数据传输到中央控制系统或云平台进行存储和分析。

2）数据分析与趋势预测

收集到的实时数据通过数据分析技术,可以揭示出设备的运行状况和趋势。例如,对于一座水闸,通过分析历史数据和当前的水位变化,可以预测未来水位的趋势,从而调整闸门的开启程度,以适应不同的水流情况。

3）故障预警与预防

数据驱动的决策还可以帮助预测设备故障,实现故障的早期预警。例如,对于水泵设备,通过检测泵体温度、振动等数据,可以发现异常情况,并提前采取维修措施,避免设备故障造成的停工损失。

4）性能优化与调整

数据分析还可以帮助工程管理者优化设备的性能和运行策略。例如,通过分析水流速度和流量数据,调整水闸的开启程度,以实现最佳的水位控制效果,提高水利工程的效率。

5）节能减排与可持续性

数据驱动决策还可以帮助实现节能减排和可持续性目标。通过分析能耗数据,发现能耗异常或高峰时段,可以采取相应的措施降低能源消耗,减少环境影响。

（二）水利工程运行管理的方法

1.定期检查和维护

定期检查和维护是工程运行管理中的重要环节,旨在保持设备和设施的正常运行状态,延长其使用寿命,降低维护成本,提高工程的可靠性和稳定性。

1）设备的基本维护

定期的基本维护包括设备的清洁、润滑、紧固等。设备在长期运行过程中可能会积累灰尘、污垢等,影响其正常运行。定期的清洁可以保持设备的表面干净,防止积尘影响散热和运行。润滑是确保设备运转的重要环节,定期加注润滑油或润滑脂,减少摩擦和磨损,提高设备的效率及延长寿命。紧固设备上的螺丝、螺母等部件,应防止松动和脱落,确保设备的稳定性。

2）易损件的更换

在定期检查中,工程管理者需要根据设备的运行状况和维护记录,及时识别和更换易损件。易损件是设备中容易受到磨损、老化等影响的部件,如密封件、轴承、阀门等。定期更换易损件可以预防故障的发生,保障设备的正常运行。例如,对于水泵设备,定期更换轴承和密封件,可以防止泵的漏水和磨损,保障水泵的性能。

3）维护记录和分析

在定期检查和维护过程中,工程管理团队需要建立维护记录,详细记录每次维护的内容、时间和结果。维护记录可以帮助管理者了解设备的历史维护情况,判断设备的健康状态,为未来的维护决策提供依据。通过对维护记录的分析,可以发现设备的故障模式和频率,从而制定更有效的维护策略。例如,在一座水利工程的水泵站中,工程管理团队制订了定期检查和维护计划。每隔一定时间,工程人员会对水泵进行清洁,检查润滑油情况,紧固螺丝等。同时,根据水泵的运行时间和维护记录,定期更换轴承和密封件。维护人员会将每次维护的情况记录下来,包括维护日期、维护内容、更换的部件等。通过分析这些维护记录,工程管理团队可以及时发现水泵的问题,预防故障的发生,保障水泵的正常运行。

通过定期检查和维护,工程管理者可以保持设备的良好状态,降低设备故障的风险,提高工程的稳定性和可靠性。这不仅有助于保障工程的正常运行,还可以延长设备的使用寿命,减少维护成本,实现更好的经济效益。

2.状态监测和诊断

通过使用传感器、监测系统等先进技术,实时监测设备和工程设施的状态,及时发现异常情况,进行故障诊断和预测,以便采取必要的措施,避免停机和提高运行效率。

1)传感器和监测系统的应用

传感器和监测系统被广泛应用于水利工程中,用于监测设备的运行状态、环境参数等关键信息。例如,在水泵站中,可以使用压力传感器、温度传感器等监测水泵的工作压力和温度,以及管道的流量等。通过实时采集这些数据,工程管理人员可以了解设备的运行情况,及时发现异常。

2)异常检测和故障诊断

监测系统可以实时比对设备的实际状态与预设的标准,一旦发现与标准不符的情况,就会发出警报。这有助于工程管理者及时发现设备的异常情况,例如温度升高、压力波动等,从而避免潜在的故障。此外,监测系统还可以通过数据分析和算法,进行故障诊断,判断出现问题的具体部件或原因,为维修提供依据。

3)故障预测和预防

基于历史数据和运行趋势,监测系统还可以进行故障预测。通过分析设备的运行数据,系统可以识别出可能出现故障的模式,预测故障的时间窗口,提前进行维护和修复。这有助于避免设备突发故障,减少停机时间,提高工程的可靠性和稳定性。

例如,在一座水电站中,工程管理团队采用了先进的监测系统,对水轮机的状态进行实时监测。系统通过传感器收集水轮机的转速、温度、振动等数据,同时采集流量、水位等环境参数。一旦发现水轮机转速异常或温度升高,系统会立即发出警报。此外,系统还分析历史数据,预测出现故障的可能性,为维护人员提供维修建议。这使得水电站能够在早期发现问题,避免大规模停机,保障工程的稳定运行。

通过状态监测和诊断,工程管理者可以实现对设备状态的实时了解,及时发现和解决问题,预防潜在的故障,提高工程的可靠性和稳定性。这种技术手段不仅可以减少停机时间和维护成本,还可以提高工程的经济效益和社会效益。

3.维护记录和信息管理

在水利工程的运行和维护过程中,建立维护记录和进行信息管理是至关重要的一环。维护记录的建立不仅有助于跟踪设备的维护历史,还可以为工程管理者提供数据支持,从而更好地分析设备状况、维护效果,制订更有效的维护计划和决策。

1）建立维护记录

维护记录是记录设备维护历史和细节的重要工具。每次进行设备维护时,应详细记录维护时间、内容、所用材料、费用等信息。这些记录可以涵盖设备的日常保养、定期检查、维修更换等。维护记录的建立需要严格的操作,确保信息准确、完整。

2）维护记录的内容

维护记录是水利工程运行管理中至关重要的一部分,它记录了每次维护的细节和信息,对于确保设备的正常运行和维护效果的评估具有重要意义。

a.维护时间和地点。

记录维护的具体时间和地点是追踪维护频率和情况的关键。时间的准确记录有助于确定维护周期和计划。

b.维护内容。

详细描述维护的具体内容,包括所进行的维护操作、更换的部件、清洁和校准等。细致的记录可以为后续的维护提供指导和参考。

c.使用的材料和工具。

记录在维护过程中使用的材料、工具和设备,以及数量和型号。这有助于管理团队控制成本和确保维护的质量。

d.维护人员。

记录参与维护的人员姓名或维护团队,以便在需要时追溯责任和沟通。清晰记录维护人员姓名或维护团队可以提高团队协作和沟通效率。

e.费用和成本。

记录维护所需的费用,包括人工、材料、设备等成本。这有助于预算规划和维护成本的管理。

f.维护效果。

在下一次维护时,可以记录上次维护后设备的运行状况,以评估维护效果。这种记录有助于判断维护措施的效果,并在必要时进行调整。

g.异常情况及处理。

如果在维护过程中发现了异常情况,如损坏部件、异常振动等,应详细记录并描述采取的处理措施。这有助于后续的分析和改进。

维护记录的内容要求准确、详细,并以规范化的方式记录,以确保信息的一致性和可比性。通过建立维护记录,工程管理团队可以更好地跟踪设备的维护历史、维护效果和设备状况,从而做出更科学的维护决策和计划,保障水利工程的可靠性和稳定性。

3）信息管理的意义

维护记录的积累和管理可以为工程管理者提供重要的信息支持。通过对维护记录的分析,可以了解设备的运行状况、维护频率、维护内容等,从而评估设备的健康状态。这有助于制订更精确的维护计划,避免维护过度或不足,从而提高维护效果和设备的可靠性。例如,在一座大型水库的管理中,工程管理团队建立了详细的维护记录系统。每次维护都会记录维护时间、地点、内容、人员、费用等信息,并将这些信息存储在数据库中。通过分析这些记录,团队可以了解不同设备的维护周期,根据设备的运行情况和维护历史,制订合理的维护计划。这使得水库的设备保持较好的运行状态,减少了计划外的停机和维修,提高了水库的运行效率和可靠性。

通过建立维护记录和进行信息管理,工程管理者可以更好地了解设备的维护历史和状况,从而做出更准确的决策,提高工程的稳定性和可持续性。

二、效益评估在维护与运营中的应用

(一)成本效益分析

成本效益分析是一种常用的评估方法,通过对维护成本和设备性能等因素的分析,评估不同维护策略的经济效益。在维护与运营管理中,不同的维护方案可能涉及不同的成本投入和预期的效益。通过成本效益分析,可以比较不同策略的优劣,找到成本最优的维护方案。例如,在水利工程中,对于某一设备的维护,可以考虑不同的保养频率和维修方法,通过分析不同方案的成本和效益,选择最经济有效的方式。

1.维护成本分析

维护成本分析的核心是评估维护方案的成本,这包括直接成本(如人工、材料、设备等)和间接成本(如停工造成的生产损失、环境影响等)。在水利工程中,不同维护方法可能涉及不同的成本投入,比如定期维护、预防性维护和故障维修等。

2.设备性能分析

通过分析设备的运行状态、可用性、寿命等指标,可以评估不同维护策略对设备性能的影响。例如,在水电站的维护中,不同的维护策略可能对发电效率和设备寿命产生不同的影响。

3.效益评估

成本效益分析关注的不仅是成本,还包括效益。维护方案的选择应该能够产生一定的效益,比如提高设备的可靠性、降低故障率、减少停工时间等。这些效益可以转化为经济价值,与成本相比较,从而得出最终的经济效益评估。

(二)风险评估

风险评估是一种重要的管理方法,用于评估潜在的风险和可能的影响,制定相应的应对策略,以降低工程风险。在维护与运营管理中,设备故障可能导致运行中断、安全事故等问题,因此需要评估设备故障的可能性和影响。通过风险评估,可以识别潜在的风险和薄弱环节,采取针对性的措施,提高工程的抗风险能力。例如,在水利工程中,可以先评估洪水发生的可能性和可能造成的影响,然后制定相应的洪水应对策略,以降低洪水风险。

1.风险识别

风险评估首先需要识别潜在的风险。在水利工程中,风险可以涉及多个方面,如设备故障、自然灾害、人为因素等。通过对工程的各个方面进行细致分析,可以识别可能存在的风险。

1)设备故障与损坏风险

设备老化与磨损:设备长时间运行可能导致部件老化和磨损,增加故障风险。

机械故障:设备的机械部件可能发生故障,如泵、阀门的损坏。

电气故障:自动化系统可能因电气故障而失去正常功能。

腐蚀及其引起的失效:水中的化学物质可能导致设备腐蚀,从而影响其正常运行。

2)自然灾害风险

洪水:水利工程可能受到洪水的冲击,造成设备损坏、冲刷等。

地震:地震可能导致设备破坏、结构变形等。

泥石流:山区水利工程可能面临泥石流威胁,导致堤坝破坏。

3)人为因素风险

人员因素:操作人员的失误可能引发设备故障或操作错误。

盗窃和破坏:不法分子可能盗窃设备或破坏工程设施,导致安全风险。

4)环境变化风险

气候变化:气候变化可能导致降雨量、水位等变化,增加洪水和干旱的风险。

生态环境变化:生态环境的变化可能影响水质和水体生态系统的稳定性。

5)运营管理风险

维护不及时:维护不及时可能导致设备失效,风险增加。

人员培训不足:缺乏专业培训可能导致操作不当,引发安全隐患。

2.风险概率评估

风险概率是评估不同风险发生的可能性,可以基于历史数据、统计分析或专家判断来确定。例如,对于水利工程而言,根据过去的洪水和气象数据,可以评估未来洪水发生的可能性。

1)历史数据分析

通过对历史数据的分析,可以了解过去发生类似事件的频率和规律,从而评估未来发生类似事件的可能性。例如,通过分析过去几十年的降雨数据和洪水发生情况,可以推断不同程度的洪水发生的概率。

2)统计分析

采用统计方法来分析事件发生的概率。包括使用概率分布模型来拟合相关数据,如洪水流量、地震强度等,根据模型来估计未来事件的概率。

3)专家判断

对于一些复杂、罕见或缺乏足够数据的风险,可以通过专家判断来评估概率。专家可以基于其领域知识和经验,结合现有数据和信息,来估计事件发生的可能性。

3.风险影响评估

风险影响是评估风险发生时可能产生的影响。涉及对可能的损失、损害程度及连锁反应的分析。在水利工程中,风险影响包括设备损坏、停工造成的损失、环境污染等。

1)损失和损害分析

评估风险事件可能导致的实际损失和损害,包括设备损坏、生产中断、人员伤亡等。通过定量化分析,可以估计各种损失的潜在规模和影响程度。

2)连锁反应分析

考虑风险事件可能引发的连锁反应,即一个事件引发的其他事件。例如,在水利工程中,一次设备故障可能导致系统停工,进而影响供水、供电等其他方面,这需要全面分析可能的连锁反应。

3）环境影响分析

评估风险事件对环境的潜在影响，如水污染、土壤污染等。考虑水利工程可能涉及大量的水体和土壤，风险事件可能对生态环境产生重要影响。

4.风险等级划分

根据风险的可能性和影响程度，将风险划分为不同的等级。这有助于确定哪些风险是最紧急和最需要处理的。例如，高风险等级可能需要紧急采取措施来降低其风险。

1）风险可能性的划分

风险可能性是指某一风险事件发生的概率或频率。在风险等级划分中，常常将风险可能性分为几个等级，如低、中、高等。这可以基于历史数据分析、统计分析或专家判断来确定。例如，基于过去的洪水和气象数据，以及地质、水文等因素的影响，可将洪水的可能性划分为低、中、高三个等级。

2）风险影响程度的划分

风险影响程度是指风险事件发生后可能导致的损失或影响的程度。在风险等级划分中，通常将风险影响程度划分为几个等级，如轻微、中等、严重等。可以根据不同风险事件可能带来的经济损失、人身伤害、环境影响等因素来评估。对于水利工程，风险影响程度包括设备损坏、运行中断、生态系统破坏等。

3）风险等级的划分

根据风险可能性和影响程度，可以将风险划分为不同的等级，常见的有三个等级：低风险、中风险和高风险。划分标准可以根据具体情况进行调整，例如，可能性和影响程度都为低的风险可以划分为低风险，可能性和影响程度都为高的风险可以划分为高风险。

（三）绩效评价

绩效评价在水利工程维护与运营中扮演着至关重要的角色，它为决策者提供了及时的数据和信息，以便更好地了解工程的运行状况、发现问题并采取相应的措施。以下是绩效评价在水利工程中的具体应用。

1.设备运行指标评价

1）产能评价

通过监测工程设施的产出，如水库的蓄水量、发电厂的发电量等，来评估其产能。这有助于判断设施是否正常运行，是否达到了预期的产能水平。

2）效率评价

评估工程设施的运行效率，如水泵站的抽水效率、发电机组的发电效率等。高效率的运行可以降低能源消耗和运营成本。

3）可靠性评价

监测设备的故障率、维修次数等，评估设备的可靠性。通过了解设备的可靠性，可以预测潜在故障并采取预防措施。

2.环境效益评价

评估工程设施对周围环境的影响，如水库对生态系统的影响、排放对空气质量的影响等。通过了解环境影响，可以采取措施进行环保治理。

3.社会效益评价

评估工程设施对社会的影响,如水利工程对当地居民生活的影响、对就业机会的影响等。这有助于了解工程对当地社会的贡献程度。

4.经济效益评价

1)工程设施经济效益评价

评价工程设施的经济效益,包括产出价值、投资回报率等。这有助于判断工程的经济可行性和投资价值。

2)成本效益分析

结合维护成本、设备性能等因素,评估不同维护策略的经济效益。这有助于选择最合适的维护方案。

通过定期进行这些方面的评价,决策者可以更好地了解工程设施的运行状况,及时发现问题,优化运营管理,从而提升工程的效益和可持续性。绩效评价为决策提供了科学依据,促进了水利工程的持续改进和发展。

(四)可持续性评估

可持续性评估在水利工程维护与运营中扮演着关键角色,它旨在综合考虑工程运行对环境、社会和经济方面的影响,以确保工程在长期内能够满足当前需求而不损害未来的需求。

1.环境影响评估

1)水体影响评估

评估工程对水体水质、水流量等方面的影响,判断是否对水体生态造成不利影响,是否需要采取保护措施。

2)土壤影响评估

评估工程对土壤质量、土壤侵蚀等的影响,防止因工程运行导致的土地退化。

3)生态系统影响评估

评估工程对生态系统的影响,是否破坏了当地生态平衡,是否需要进行生态修复和保护。

2.社会影响评估

1)居民影响评估

评估工程对当地居民生活的影响,如噪声、水源等,确保居民权益不受损害。

2)文化影响评估

评估工程对当地文化遗产和历史遗迹的影响,保护文化多样性。

3.经济影响评估

1)就业影响评估

评估工程对当地就业机会的影响,是否创造了更多的工作机会。

2)经济增长影响评估

评估工程对当地经济的推动作用,是否带来了经济增长。

4.社会责任评估

评估工程运行是否遵循社会责任准则,是否充分尊重当地社区的权益。

5.可持续性指标评估

基于可持续性发展指标体系,评估工程在经济、环境和社会三个方面的可持续性表现。

通过这些评估手段,决策者可以全面了解工程运行的影响,采取措施减少负面影响,同时提升工程的社会、环境和经济效益,从而实现可持续发展的目标。可持续性评估为维护与运营决策提供了科学依据,确保工程在长期内能够为社会和环境创造积极的影响。

(五)技术创新评估

技术创新评估在水利工程维护与运营中具有重要意义,它不仅能够引入先进技术提升效率,还可以为工程管理带来新的思路和方法。

1.新技术的可行性评估

1)技术适用性评估

在新技术进行实际操作前,需要评估其在特定工程环境下的适用性。例如,对于水利工程中的无人机巡检技术,需要评估其在复杂地形和环境中的表现。

2)技术成熟度评估

评估新技术的成熟度,包括技术的可靠性、稳定性和可操作性。这有助于确定是否可以将新技术应用于实际维护与运营中。

2.技术效果评估

1)试验和验证

在小范围内进行试点试验,验证新技术在实际操作中的效果。例如,对于新的设备维护技术,可以在一个设备上进行试验,以验证其效果。

2)案例分析

收集和分析已经应用新技术的案例,评估其在实际应用中的效果。这可以帮助决策者了解新技术的实际应用效果和潜在问题。

3.技术选择与整合

1)技术选择

根据评估结果,选择适合工程需求的新技术。考虑工程特点,选择与工程需求相匹配的技术。

2)技术整合

对不同技术进行整合,形成综合解决方案。例如,将传感技术、数据分析技术和自动化技术整合,实现智能化的维护与运营。

通过技术创新评估,水利工程维护人员可以充分了解新技术的潜力和应用范围,为工程带来更高效的维护和运营方式。同时,这也有助于推动水利工程领域的技术进步和创新发展。

第五章 水利工程环境与可持续发展管理

第一节 水利工程环境保护管理

一、概　述

(一)环境保护的重要性

环境保护在水利工程中具有举足轻重的地位。这不仅因为水利工程的规模庞大、涉及面广,而且因为其对生态系统和社会的影响极大。以下是环境保护在水利工程中的重要性。

1.维护生态平衡

水利工程通常需要干预自然生态系统,如修建水坝、引导水流等。如果不谨慎,这些工程可能会对当地的生态平衡产生不可逆转的破坏作用。环境保护措施有助于减轻这些破坏带来的影响,维护生态平衡,保护野生动植物的栖息地不受过度侵蚀。

1)水生生态系统的保护

水利工程常常涉及河流、湖泊和水库等水生生态系统。不合理的工程设计和施工可能导致水生生态系统的破坏,威胁到鱼类、水生植物和其他野生动植物的栖息地。因此,维护生态平衡需要采取措施来保护这些生态系统,确保它们的健康和多样性。

2)候鸟迁徙通道的保护

一些水域在候鸟迁徙中起着至关重要的作用。水利工程可能对这些迁徙通道产生负面影响,阻碍鸟类的迁徙。通过采取环境保护措施,如建立候鸟保护区和迁徙通道,可以减轻这些影响,有助于维护生态平衡。

3)生态修复和栖息地恢复

一旦生态系统受到破坏,必须采取积极的措施进行生态修复和栖息地恢复。包括植被恢复、河床恢复和水体净化等措施,以此帮助恢复受影响的生态系统。

2.水资源可持续利用

水是珍贵的资源,对于农业、工业和城市生活至关重要。水利工程的规划和管理需要确保水资源的可持续利用,以满足未来的需求。环境保护可以降低水资源的浪费和污染,有助于维护水质和保证水量。

1)保障供水稳定性

水利工程的一个主要任务是确保稳定的供水,包括饮用水、工业用水和农业灌溉。可持续水资源管理有助于确保这些需求的满足,同时避免水源的枯竭。

2)减少水资源浪费

环境保护措施可以减少水资源的浪费。例如,通过改进灌溉系统,减少农业用水的浪费,或者通过水质保护措施减少工业排放对水体的污染,都有助于提高水资源的有效利用率。

3)维护水质

水资源的可持续利用还涉及维护水质。工业废水和城市污水排放可能对水体造成污染,威胁生态系统和人类健康。环境保护措施可以净化水体,确保水质得到维护。

4)生态系统的需水

水利工程需要考虑周边生态系统的需水,包括湿地、河流和湖泊。维护这些生态系统的水源对于生物多样性和生态平衡至关重要。

(二)水利工程对环境的影响

水利工程在规划、建设和运营过程中,可能对环境产生多方面的影响,这些影响需要被认真评估和管理。

1.生态影响

1)生态系统破坏

水利工程对自然生态系统的破坏是一项重要的环境影响。

a.湿地丧失。

湿地为保护生态多样性贡献了重要的力量,但兴建水坝和水库通常会淹没大片湿地区域。这不仅导致湿地的丧失,还可能影响栖息在这些湿地中的植物和动物。

b.栖息地破坏。

水利工程可能改变了河流和湖泊的水流,导致原有的栖息地被破坏。这对野生动植物特别是迁徙性物种来说,可能是灾难性的。

c.生态系统断裂。

水利工程可能在生态系统中引入人工障碍物,如大坝和堤坝,这些障碍物可能阻碍动植物的自由迁徙,导致生态系统断裂。

2)物种迁移

水流的改变和水利工程的建设可能迫使水生生物改变其栖息地或迁徙路径,这对鱼类和其他水生动物产生了一系列负面影响。

a.迁徙困难。

水流的改变可能导致鱼类和其他水生生物的迁徙变得更加困难,因为它们通常会依赖水流来前行。

b.栖息地丧失。

由于栖息地被淹没或改变,一些物种可能失去了原有的栖息地,这可能导致其数量减少或灭绝。

c.竞争和入侵。

物种迁移也可能导致不同物种之间的竞争,以及新物种的入侵,这可能干扰原有生态系统的平衡。

2.水质影响

1)水体改变

水利工程,尤其是水库和水坝的建设,可能显著改变水体的物理和化学性质,具体情况如下所述。

a.水温变化。

水库通常会储存大量水,导致水体在夏季变得较为凉爽,而在冬季则相对温暖。这种季节性的水温变化可能影响水生生物的生态习性和生态系统的稳定性。

b.溶解氧含量变化。

水库深处的水体可能缺乏氧气,因此水下的低氧环境可能不适合一些水生生物。这可能会限制某些鱼类和底栖生物的生存。

c.营养物质浓度变化。

水库中的富营养化问题可能会导致蓝藻细胞增长,从而引发水华事件。这可能对水体的生态健康和饮用水质量产生不利影响。

2)污染风险

水利工程的建设和运营可能导致各种污染源进入水体,增加水质污染的风险。

a.工业排放物。

水力发电站和其他水利设施通常需要大量的机械设备和电力,这可能伴随着工业废水和废物的排放。这些废水中可能含有有害物质,如重金属和化学物质,对水体造成污染。

b.农业污染。

农业活动可能导致农药和化肥流入河流或湖泊。这些化学物质会对水体产生有害影响,包括影响水中生物的生存和水质的健康。

c.城市排水。

城市排水系统可能将废水和污水排放到水体中,其中可能含有污染物和微生物,对水质构成威胁。

3.土壤侵蚀

1)工程建设

水利工程的建设,尤其是大规模引水工程或河岸工程,可能导致土壤侵蚀的问题。

a.土壤结构破坏。

在工程建设过程中,土壤可能会被挖掘、移动或重新安置,这可能破坏土壤的结构和稳定性。例如,开挖河道或修建堤坝可能导致原有的土壤结构被破坏,从而增加了土壤侵蚀的风险。

b.农田生产力影响。

土壤侵蚀会带走土壤中的营养物质和有机质,降低土壤的肥力。这可能导致附近农田的生产力下降,对农业产出和食品供应构成潜在威胁。

2)泥沙运动

水利工程的改变可能引发泥沙的大规模运动,具体情况如下。

a.河道变化。

工程可能改变河流的流动路径、河道宽度和深度。这种变化可以增加水流速度,导致河床上的泥沙被搬运和沉积。

b.泥沙淤积。

改变后的河道条件可能导致泥沙在某些地点淤积,而在其他地方侵蚀。泥沙淤积可能影响下游水域的水质,也可能影响水利工程的运行。

c.水资源管理。

泥沙的大规模运动可能需要更复杂的水资源管理,包括水库的清淤和水质控制。这可能需要额外的资源和成本。

为减轻土壤侵蚀和泥沙运动的影响,水利工程需要采取土壤保护措施和泥沙管理策略,以确保土壤的可持续性和水资源的可管理性。具体包括植被保护、泥沙沉降池建设和定期的泥沙监测等措施。

4.社会影响

1)人口迁移

水利工程的建设可能需要迁移当地居民,这涉及广泛的社会影响。

a.社会稳定性。

居民迁移可能导致社区内部的动荡和不稳定。

b.文化变迁。

迁移可能导致文化的断裂和变迁,因为居民被迫离开他们的传统居住地点,失去了与土地相关的文化联系。

c.经济影响。

迁移可能导致居民失去他们原有的生计和经济来源,需要重新适应新的生活和工作环境。

2)风险管理

水利工程的失效或不合理设计可能对附近社区的生命和财产安全构成严重威胁。

a.自然灾害风险。

工程的不当设计可能增加自然灾害的风险,如洪水、山体滑坡等。社区居民可能需要面对这些风险,采取措施来减轻潜在的灾害影响。

b.紧急应对和救援。

一旦发生与工程相关的紧急事件,社区需要及时地应对和救援。这可能需要建立紧急预警系统和培训当地居民应对灾害的能力。

c.生活质量。

社区居民可能因工程相关的风险而感到不安,这可能会影响他们的生活质量和幸福感。

(三)环境保护的法律法规

环境保护的法律法规在水利工程中具有重要作用,确保工程建设和运营不会对环境产生负面影响。

1.环境影响评估(EIA)

环境影响评估(EIA, Environmental Impact Assessment)是一项关键的法律要求,适用于各类工程项目,包括水利工程。EIA 的主要目的是评估潜在的环境影响,制定措施来减轻这些影响,以确保工程项目的可持续性和对环境的最小化影响。

1)环境影响评估报告(EIS)

环境影响评估报告(EIS, Environment Impact Statement)是 EIA 的核心文档,要求工程

方编制。它包括工程对环境可能产生的各种影响的详细描述,土壤侵蚀、水质改变、野生动植物栖息地破坏等。这些影响的分析和描述必须基于科学研究和数据,以确保准确性和可信度。

影响评估方法:EIS 通常要求采用科学的方法来评估环境影响,包括采样和监测数据、模型和模拟等。这些方法有助于预测工程可能导致的影响,并提供基础数据来制定应对措施。

2)公众参与

公众知情权:一些法规要求在 EIA 过程中,工程方必须向公众公开信息,使公众了解工程的性质和可能的影响。

公众意见收集:公众有权参与并提供意见,以确保社会各界的声音都被充分考虑。这可以通过召开公众听证会、咨询和意见征集等方式实现。

3)环境许可

许可程序:在完成 EIA 后,通常需要获得环境部门颁发的许可,以便启动工程。许可程序通常包括政府部门的审查和批准,以确保工程符合法规和环保标准。

条件和限制:许可可能会附带条件和限制,工程方必须遵守这些条件,以确保环境保护措施得到执行。

EIA 的实施有助于维护生态平衡、水质和野生动植物栖息地,同时确保水利工程项目在对环境造成最小化影响的情况下得以实施。这些法规为决策者、工程方和公众提供了透明度和保障,确保水利工程的可持续性和社会接受度。

2.水资源管理法规

水资源管理法规是确保水资源的可持续利用和保护的关键法律框架。在水利工程领域,这些法规涉及水权分配、河流和湖泊保护、水资源监测等方面。

1)水权分配

合法用水权:根据法规,工程项目需要获得合法的用水权分配。这确保了水资源的公平分配和合法使用。

水资源计划:一些法规要求工程方提交水资源计划,详细说明水资源的使用和分配,以及对水资源的管理和保护措施。

2)河流和湖泊保护

河流和湖泊管理:法规通常包括了对河流和湖泊的管理,以维护其生态平衡和水质。这可能包括对水流的控制、湖泊水位的管理、水质监测等。

水生态保护:一些法规要求保护水生态系统,包括保护湿地、鱼类栖息地等,以确保生态平衡。

3)水资源监测

实时监测:法规可能要求进行实时水资源监测,以追踪水资源的变化、水位、水质和水量等数据。

报告和数据分享:工程项目通常需要向相关管理机构提交监测数据和报告,确保监测数据的透明性和公开性。

水资源管理法规的实施有助于维护水资源的可持续性,同时保护水生态系统的健康,有助于平衡水资源的供应和需求,减少水资源的浪费,以及降低水利工程对环境的不利影响。这进一步确保了水利工程的长期可持续性和社会接受度。

3.自然保护法规

自然保护法规旨在保护野生动植物及其栖息地,以确保水利工程对生态系统的影响最小化。这些法规包括栖息地保护、物种保护和生态修复等方面。

1)栖息地保护

生态保护区划定:根据法规,一些工程项目需要确保不破坏或损害野生动植物的栖息地。这可能涉及对生态保护区的划定和规定,限制工程活动的范围。

栖息地评估:在项目启动前,通常需要进行栖息地评估,以评估工程可能对栖息地造成的潜在影响,并采取相应的保护措施。

2)物种保护

受保护物种:一些法规明确列出了受保护的野生动植物物种,禁止捕捉、破坏或交易这些物种或其产品。这些法规有助于维护生物多样性和生态平衡。

栖息地改善:为了保护受威胁物种,可能需要改善其栖息地条件,提供更适合其生存的环境。

3)生态修复

破坏后的生态修复:如果工程活动导致生态系统的破坏,法规可能要求进行生态修复,以恢复受影响区域的生态平衡。这可能包括植树造林、湿地修复、水体生态恢复等措施。

生态保护基金:一些法规要求工程方建立生态保护基金,用于生态修复和栖息地保护工作。

这些自然保护法规的实施有助于将水利工程活动对野生动植物及其栖息地的不利影响最小化。通过合规性检查和监督,这些法规确保了生态平衡和生物多样性的维护,同时提供了强制执行的手段,以促进水利工程的可持续性发展和社会接受度。

二、环境友好型工程设计与实施

(一)生态综合考虑

在水利工程的设计和实施中,生态综合考虑是确保工程与环境和谐共生的重要步骤。以下是一些生态综合考虑的关键方面。

1.生态敏感区的保护

生态敏感区通常指的是生态系统特别脆弱、容易受到干扰或破坏的地区,包括湿地、栖息地、稀有植物群落等。保护这些区域对维护生态平衡和生物多样性至关重要。

1)确定生态敏感区

工程规划者和环境专家需要明确定义和识别生态敏感区。这通常需要进行详尽的生态学调查和评估,以确定哪些地区对当地生态系统具有关键作用,或者容易受到工程活动的影响。

2)设立生态涵养区

一项常见的生态保护措施是设立生态涵养区。这些区域通常位于生态敏感区的周边,用于限制工程开发和人为干扰的范围。例如,在水库建设中,可以在水库周围设立生态涵养区,以维护当地湿地、植被和野生动植物栖息地。

3)限制开发活动

在生态敏感区内和周边,需要制订明确的开发限制和管理计划。包括禁止或限制某些类型的建筑、挖掘、道路建设等。此外,需要规范土地使用和开垦活动,以确保对生态系统的干扰最小。

2.生态多样性的维护

在水利工程的设计和实施中,维护生态多样性是一项至关重要的任务。生态多样性是指在一个生态系统中存在多种不同物种,包括植物、动物和微生物,以及它们之间的相互作用。维护生态多样性对维护生态平衡、生态系统的稳定性和可持续发展至关重要。

1)栖息地保护

栖息地是维护生物多样性的核心。在水利工程中,需要确保生态系统的栖息地不受破坏或丧失。具体包括湿地、森林、草原等各种类型的栖息地。

a.保护区域设立。

标识并设立生态敏感区域,限制或禁止开发和建设,以保护关键栖息地。

b.栖息地恢复。

如果工程活动不可避免地破坏了栖息地,需要采取栖息地恢复措施,恢复原有的生态系统结构和功能。

c.水体生态系统维护。

对于水利工程,特别需要关注河流、湖泊和沿海生态系统的保护,以确保水体生态系统的完整性。

2)物种保护

野生动植物物种是生态多样性的重要组成部分。维护物种多样性需要以下措施。

a.保护濒危和受威胁的物种。

标识并保护濒危和受威胁的物种,采取必要的保护措施,包括建立保护区、禁止非法捕捉和贸易。

b.保护栖息地。

物种通常与特定类型的栖息地相关联,因此栖息地的保护也有助于物种的保护。

c.建立生态走廊。

建立生态走廊,连接不同的栖息地,促进物种的迁徙和基因流动。

3)生态修复

生态修复是当生态系统遭受破坏时,恢复其原始状态或功能的过程。在水利工程中,可能会破坏河流、湖泊或湿地等生态系统。以下是与生态修复相关的措施。

a.湿地恢复。

恢复受影响的湿地,包括重新建立湿地植被、维护水体水质、修复栖息地。

b.河流和湖泊修复。

采取措施减少水体污染,修复受影响的水体生态系统,包括鱼类栖息地的恢复。

c.野生动植物栖息地修复。

如果工程活动影响了野生动植物的栖息地,需要采取栖息地修复措施,以恢复物种的生存条件。

3.水文生态平衡

水文生态平衡是指在水利工程规划和管理中,综合考虑流量管理、水位控制等因素,以维持河流和湖泊的生态平衡。这一概念强调了工程对水体生态系统的影响,并旨在确保水资源的可持续利用,同时保护和维护水体生态环境的健康。

1)流量管理

a.生态流量释放。

在水利工程中,需要考虑在不同季节和水位条件下释放适量的水流,以维护下游河流和湖泊的生态系统,包括确保有足够的水量用于生态需求,如维持洄游鱼类的栖息地和繁殖地。

b.枯水期的流量维护。

在枯水期,需要确保河流和湖泊仍然有足够的水量,以维持生态系统的基本需求,如维护湿地、河岸植被和野生动植物的生存。

2)水位控制

a.季节性水位调整。

在某些情况下,水利工程可以进行季节性的水位调整,以模拟自然水位的变化,创造适宜的生态环境。例如,模拟洪水来刺激湿地的生态过程。

b.湖泊水位管理。

水位管理对于湖泊生态平衡至关重要。工程应当考虑湖泊的水位波动对湖泊生态系统的影响,包括湖岸植被、湖泊中的栖息地和水质。

(二)水资源合理利用

水资源的合理利用是环境友好型工程的核心要素之一。它涉及减少浪费、提高效率、确保公平分配,以及保护水质的一系列措施,以实现水利工程的可持续性和环境可持续性。

1.节水技术应用

1)高效灌溉系统

在农业领域,高效灌溉系统如滴灌、喷灌等可以减少水资源的浪费。这些系统可以根据作物需求提供精确的灌溉,避免过度灌溉。

2)雨水收集和再利用

工程可以设计雨水收集系统,将雨水储存起来以供冲洗、灌溉或其他非饮用用途。这可以减轻对地下水或自来水的依赖。

2.水资源管理

1)公平和合理分配

水资源的分配应基于公平和合理的原则,考虑不同用户的需求,包括农业、工业、城市供水和环境保护。这需要制定透明的政策和法规,确保资源的公平分配。

2)长期规划和监测

水资源的长期规划对于确保水资源可持续利用至关重要。这包括考虑气候变化对水资源的影响,制定应对策略。同时,建立水资源监测系统,跟踪水位、水质和水量的变化。

3.水质保护

1)废水处理

工程活动应采取适当的废水处理措施,确保排放的废水不会对周围水体造成负面影响。包括物理、化学和生物处理方法,以去除污染物。

2)污染源控制

工程规划应考虑防止污染源的产生,例如限制危险化学品的使用、管理农业养殖和工业废物排放。

(三)生态修复与保护

生态修复与保护是环境友好型工程的核心要素,它旨在确保工程施工后的生态环境能够得以恢复或改善,维护生态系统的完整性和生物多样性。

1.湿地恢复

1)植被湿地区域恢复

如果工程活动不可避免地破坏了湿地生态系统,需要采取恢复措施,包括在湿地区域种植适当的植物物种。这有助于维持湿地的水质净化、防洪和生物多样性等功能。

2)湿地功能修复

恢复湿地的功能对于维护生态平衡至关重要。包括修复湿地的水文条件、水位管理和水体循环,以确保湿地能够充分发挥其生态功能。

2.植被保护

1)施工期间的植被保护

工程施工期间,需要采取措施保护周围的植被,以防止不必要的破坏。这包括设立施工限制区、采取防护措施,避免机械设备和施工活动对植被的损害。

2)植被恢复

如果植被在施工过程中受到了损害,需要采取措施来促进植被的恢复。包括重新种植当地植物、改善土壤条件、控制入侵物种等。

3.生态监测与调整

1)建立监测体系

工程完成后,应建立长期的生态监测体系,以跟踪工程对生态环境的影响。监测内容包括水质、土壤质量、植被健康和野生动植物种群等。

2)及时调整和改进

如果监测结果显示工程活动对生态环境产生了不利影响,需要及时采取调整和改进措施。包括改进湿地恢复策略、加强水质治理或修改植被保护方案等。

通过这些生态修复与保护措施,环境友好型工程可以在完成其任务的同时,积极维护和改善周围的生态环境,促进可持续的生态系统发展。这有助于实现工程的双赢目标,既保护和恢复自然资源,又满足人类需求。

(四)社会参与有效沟通

社会参与有效沟通是确保环境友好型工程成功的关键要素,它有助于建立信任、减少冲突,以及确保工程满足社会和环境的需求。

1.社区参与

1）合作和共同决策

工程方应积极与当地社区合作，尊重他们的需求和关切。社区居民的参与不仅有助于建立信任，还可以提供宝贵的信息和见解，有助于工程的成功。

2）需求和优先事项的识别

与社区合作，可以识别出社区的需求和优先事项，这有助于调整工程规划和实施策略，以满足社区的期望。

2.透明度与信息披露

1）提供充分信息

工程方需要提供充分的信息，使利益相关者能够了解工程的影响、计划和措施，包括提供技术报告、环境影响评估结果，以及工程决策基础资料。

2）争议解决

透明度有助于减少争议和误解。如果出现问题或争议，及时提供准确信息可以促进问题的解决。

3.合作与协商

1）政府合作

工程方应积极与政府合作，确保工程在法律法规框架内进行。政府可以提供支持、监督和指导。

2）非政府组织和利益相关者

与非政府组织、环保团体和其他利益相关者的合作也是重要的。他们可能提供专业知识和资源，以确保工程的环保性。

社会参与和沟通不仅有助于确保环境友好型工程的成功，还有助于社会的可持续发展。通过建立合作关系和共同努力，可以最大限度地减少工程对环境和社会的不利影响，同时创造长期价值。

第二节　水土保持措施与水资源可持续利用

一、水土保持措施的重要性与效果

(一)水土保持措施的背景和必要性

水土保持是一项关键的生态工程措施，旨在减少水土流失、保护土壤和水资源，维护生态平衡。在水利工程中，它的重要性显而易见。

1.减少土壤侵蚀

1）保护农田资源

一种有效的土壤保护方法是通过植被覆盖来保护土壤表面的。植被，特别是草本植物，可以减少雨水对土壤的冲击，降低水流速度，从而减少水力侵蚀。农田中的保护性作物覆盖、乔木和灌木带都可以实现这一目标。在陡峭的山坡上，梯田是一种传统的农业实践，可以减缓水流速度，减少水力侵蚀。梯田的建设还有助于有效利用雨水，提高土壤湿度。不适当的耕作方式容易导致土壤侵蚀。采用适当的耕作方式,如保持耕地覆盖、减少耕地的坡度、使用梯田等,可以减少侵蚀的风险。

2)减少土地流失

通过评估土地的侵蚀风险,可以进行有效的土地规划,将高风险区域用于非农业目的,以减少土地的流失。植树造林是一种减少土地流失的重要方法。树木的根系可以稳定土壤,减少水力侵蚀。此外,森林也对土壤有保护作用,有助于减少土壤侵蚀。

2.维护水质

1)防止污染

保持清洁的水质对于维护水生生态系统和人类健康至关重要。水土保持措施可以有效减少污染物进入水体的概率,从而降低水污染的风险。在农田和河岸地带种植植被可以减少土壤侵蚀,降低土壤和污染物进入水体的可能性。建立河岸和湖泊的保护带,可以减少污染物直接进入水体的机会。这些保护带可以过滤和吸收污染物,提高水质。对城市和工业排放的污水进行有效的处理是维护水质的重要措施。高效的废水处理厂可以去除有害物质,确保排放水质符合标准。

2)保护生态系统

清洁的水质对于水生生态系统的健康至关重要。水体污染可以导致水生生物的死亡和生态系统的崩溃。水土保持措施有助于保护水体的生态系统。湿地是重要的生态系统,对于水质的净化和生态多样性的维护至关重要。保护现有湿地和恢复已受破坏的湿地可以改善水体的水质。水生植物如藻类、浮游植物等可以吸收污染物,净化水质。保护这些植物的生长环境有助于维护水体的生态平衡。定期监测水体的水质,识别污染源并采取相应的治理措施是保护水生生态系统的重要步骤。

3.水资源管理

1)控制径流

水资源管理是确保水资源合理利用的关键。水土保持措施在控制径流方面发挥着重要作用。第一,雨水收集系统可以帮助收集和储存降水,供后续使用。这有助于减少径流和雨水的浪费,增加水资源的可利用性。第二,堤坝和水库的建设可以调控河流和河川的径流,以防止洪水发生并提供稳定的水源。这有助于确保水资源的可持续供应。第三,通过改进地下水的充实和补给,可以减少地表径流并提高地下水储备率,使水资源可持续利用。

2)提高水资源可持续利用率

水资源是人类生活和生产的重要组成部分。水土保持措施对提高水资源的可持续性至关重要:第一,水资源管理需要制订长期的水资源规划,确保水资源的可持续供应。这包括确定未来用水需求、评估可用水资源量、建立水资源分配机制等。第二,推广和应用节水技术是提高水资源可持续利用率的关键。具体包括高效灌溉系统、水质改进技术等,以减少用水浪费。第三,定期监测水资源的状态和流动是保障水资源可持续的重要基础。通过水资源监测,可以及时发现问题并采取措施加以调整。通过控制径流和提高水资源的可持续利用率,可以更好地满足日益增长的用水需求,同时保护水资源免受污染和过度开采的威胁。因此,水土保持措施在维护水资源管理中发挥着关键作用。

4.生态平衡

1)维护生态系统

水土保持措施的一个重要目标是保护生态系统的完整性。第一,水土保持措施涉及识别、保护和恢复重要的栖息地,如湿地、森林和草原。这些栖息地对于野生动植物的生存至关重要。第二,通过减少栖息地的破坏和污染,水土保持措施有助于保护野生动植物物种。一些濒危物种在合适的栖息地中可以得到保护,从而维持生态系统的多样性。

2)维持生态平衡

生态平衡是生态系统中各种生物和非生物之间相对稳定和相互依赖的状态。水土保持措施在维持生态平衡方面发挥着重要作用:第一,通过维护各种生物群落的栖息地,水土保持措施有助于确保食物链中的各个环节都能获得所需的资源,维持生态平衡;第二,保护和维护生态系统的完整性可以减少生态系统的不稳定性,降低生态系统发生崩溃或不可逆转的变化的风险;第三,生态平衡有助于提高生态系统的适应性和抵抗力,使其更能应对外部压力,如气候变化或人类活动的干扰。通过栖息地保护、野生动植物保护和维持食物链平衡,水土保持措施有助于减少生物多样性丧失的风险,保持生态系统的健康和稳定。因此,水土保持措施在维护生态平衡和生态系统健康方面具有重要的学术和实践价值。

水土保持措施在农业、水资源管理、环境保护和生态平衡方面发挥着重要作用。它不仅有助于提高农业生产力和保护土壤资源,还有助于维护水质、水资源可持续利用和生态系统的健康。随着全球土地利用率的增加和气候变化的威胁,水土保持变得愈发重要。

(二)水土保持措施的效果

水土保持措施的实施可以带来多方面的效果。

1.减少水土流失

1)植被覆盖

植被覆盖是一项关键的水土保持措施,它对于减少水土流失和维护土壤质量至关重要。第一,植物的根系穿透土壤并扎根于地下,固定了土壤,防止其被水流冲走。这有效减缓了雨水对土壤的冲刷,尤其是在陡峭斜坡上。第二,植被在土壤表面形成覆盖层,这一覆盖层能够减缓雨水的流速,降低对土壤的侵蚀。植被也能吸收雨水,减少雨水的冲击力。第三,植被的根系不仅有助于减少土壤流失,还能增加土壤的有机质含量,提高土壤的肥力和结构。这对于农田、森林和自然生态系统都非常重要。

2)梯田建设

梯田是一种传统的农业水土保持措施,其原理是将斜坡地区分割成多个平台,以减缓水流速度并降低水流的侵蚀性。第一,在梯田中,雨水沿着平台流动,而不是沿着陡峭的斜坡下流,这有效降低了水流速度,减少了水流对土壤的冲刷和侵蚀。第二,梯田不仅有助于土壤保持,还提供了更多的可耕种面积。每个平台都可以用于种植作物,从而提高了农业产量。第三,梯田通常包括灌溉系统,能够有效管理和分配水资源,确保其可持续利用。

植被覆盖和梯田建设是重要的水土保持措施,这些措施有助于减少土壤流失,维护土壤质量,提高农业产量,以及保护生态系统的健康。这些措施在实践中被广泛应用,对于可持续土地管理至关重要。

2.改善水质

1)沿河植被

沿河植被的建设是一项有效的水土保持措施,它对于改善水质和维护水体生态系统的健康具有重要意义。第一,沿河植被可以充当天然的过滤器,捕获并降低农药、肥料和其他污染物进入河流和湖泊的机会,植物的根系能够吸收和固定污染物,使其不再对水质构成威胁;第二,沿河植被能够减缓河岸侵蚀,降低泥沙和污染物进入水体的速度,这有助于维护水体的清澈度和水质;第三,沿河植被为野生动植物提供了栖息地,促进了生物多样性和生态平衡。

2)湿地保护

湿地是天然的水质净化器,其保护和恢复对于改善水质至关重要。第一,湿地具有高度生态活性,可以降解和处理污染物,如氮、磷、有机物等,这有助于净化水体、改善水质;第二,湿地可以去除悬浮颗粒和有害物质,提高水体的透明度和清澈度;第三,湿地通常位于水源区域,其保护有助于维护水源的水质和水量。

沿河植被和湿地保护是关键的水土保持措施,它们能够过滤污染物、减缓侵蚀、提供栖息地及净化水体,从而改善水质并维护生态系统的健康。这些措施在水资源管理和生态保护中起到至关重要的作用,有助于实现可持续的水资源利用。

3.水资源保护

1)水库和堤坝

水库和堤坝是关键的水资源管理工程,它们具有多重功能,对水资源的保护和合理利用至关重要。第一,水库用于储存雨水、融雪水等水源,以确保供水的持续性,这有助于应对干旱季节和供水短缺的挑战;第二,堤坝可以控制河流的水位,降低洪水风险,保护周边地区免受洪水侵害;第三,水库提供了可靠的灌溉水源,有助于农业生产的稳定和增加农田面积;第四,水库可以用于水力发电,提供清洁能源,降低温室气体排放;第五,水库管理可以考虑生态系统的需求,维护水体的生态平衡,保护水生生物栖息地。

2)引水渠

引水渠是将水从丰水区引流到干旱区的重要工程,它们有助于水资源的平衡分配和供应。第一,引水渠可以将丰富的水源引流到需要的地方,满足城市、农业和工业用水的需求,减轻水资源的短缺压力;第二,引水渠可以帮助干旱地区应对水资源短缺,确保居民和农业的水源供应;第三,在引水渠的规划和管理中,应考虑对生态系统的潜在影响,并采取措施来维护生态平衡。

水库和堤坝、引水渠是水资源保护和管理的关键基础设施。它们提供了防洪、灌溉、发电和供水等多重功能,有助于确保水资源的可持续利用和保护。同时,在工程规划和实施中,应考虑生态和社会因素,以维护整体的可持续性。

4.生态恢复

1)栖息地保护和修复

栖息地保护和修复是水土保持中的关键措施,它对生态系统的恢复和生物多样性的保护具有重要意义。第一,湿地是生态系统的关键部分,它有助于防洪、净化水质、提供栖息地,并维持众多物种的生存。通过设立湿地保护区和采取湿地恢复措施,可以维护湿地的健康。第二,森林是地球上最重要的生态系统之一,它储存碳、提供氧气、维护水循环,并为无数野生动植物提供栖息地。保护现有森林并进行森林再生是生态恢复的重要一环。第三,草地生态系统对草食动物、候鸟和其他野生生物至关重要。通过采取措施,如放牧管理和栖息地恢复,可以保护草地生态系统的完整性。

2)濒危物种保护

濒危物种保护是生态恢复的一部分,它着重于采取特别保护措施来防止物种的灭绝并维护生态系统的完整性。以下是濒危物种保护的关键方面:第一,设立自然保护区和野生动植物保护区,提供受威胁物种的栖息地,并限制人类干扰;第二,打击非法捕捉、盗猎和非法贸易,保护濒危物种免受非法活动的威胁;第三,制订物种保护计划,包括人工繁殖、栖息地恢复和监测措施,以增加濒危物种的种群数量。

栖息地保护和修复、濒危物种保护是生态恢复的核心部分。它们有助于维护生态系统的完整性、保护物种的多样性,以及促进生态平衡的恢复。这些措施需要全球合作,包括政府、科学家和社会各界,以确保地球的生态系统得到有效的保护和恢复。

水土保持措施对于减少土壤侵蚀、改善水质、保护水资源和促进生态恢复具有显著的效果。这些措施不仅有助于维护自然资源的可持续利用,还有助于维护生态平衡和生物多样性。

二、水资源可持续利用的方法与实践

(一)水资源可持续利用的方法

1.水资源评估

1)监测与数据收集

水资源评估的第一步是建立广泛的水资源监测网络,以收集关键数据。

a.水文数据。

水文数据是水资源评估中的关键组成部分。第一,持续监测水体的水位,可以帮助确定水体的水量和变化趋势。这对于了解河流、湖泊和水库的水量非常重要,特别是在干旱和洪水情况下。第二,流量数据记录水流经过一定时间的水量,通常以立方米每秒为单位。流量监测有助于了解河流的水量变化,是水资源管理的重要指标之一。第三,持续监测降雨量可以提供降水事件的时间、强度和分布信息,这对于洪水预测和水资源供需分析至关重要。

b.水质信息。

水质信息是评估水资源的健康和适用性的关键。第一,监测水体中的关键化学物质浓度,如重金属、氮、磷、溶解氧等。水质监测有助于评估水体的适用性,例如,是否适合饮用水供应或生态系统的维护。第二,确定水体中的污染源是水质监测的一部分。这可以采取必要的措施来减少或消除污染。

c.水量测量数据。

水量测量数据有助于了解水体的容量和水量分布,这对于决策和规划非常重要。第一,持续监测水库的容量和水位,以确保水库供水、灌溉和洪水控制的有效管理;第二,对于河流和湖泊,持续监测其水量变化对于水资源管理至关重要,特别是在多年干旱或洪水季节。

d.地下水监测。

地下水是重要的水资源之一,持续监测地下水位、水质和水量变化至关重要。第一,持续监测井中的地下水位,以了解地下水的水位变化趋势,这有助于确定地下水资源的可持续性;第二,持续监测地下水中的污染物浓度,以确保地下水的质量适用于饮用水和农业用水。

2)水文建模

水文建模是评估水资源的可持续性的关键工具之一。

a.模型选择。

选择合适的水文模型,如分布式水文模型、水资源系统模型等,以模拟水文过程和预测未来的水资源变化。

b.模型参数估计。

收集和估计模型所需的参数,以确保模型的准确性和可靠性。

c.场景分析。

运用模型进行不同的水资源管理和气候变化情景分析,以预测未来水资源的供应和需求。

d.风险评估。

基于模拟结果,评估水资源的供应和需求之间的差距,以识别潜在的风险和分析应对策略。

水资源评估是一项综合性的工作,涉及数据收集、模型开发和情景分析等多个方面。它为决策者提供了重要的信息,以制订水资源管理政策和规划,确保水资源的可持续利用。水资源评估需要不断更新和改进,以适应不断变化的环境和需求。

2.水资源管理

1)制订管理计划

建立水资源管理框架,包括法规、政策和管理机构,以确保水资源的可持续开发和管理。

2)水权分配

实施水权制度,保证各个用户分配水资源的权利,确保公平和合理地分配水资源。

3.节水技术

1)灌溉改进

推广高效灌溉系统,如滴灌和喷灌,以减少农业用水的浪费。

2)工业和城市用水管理

采用现代化的水处理技术,提高工业和城市用水的效率,包括水回收和再利用系统,以减少废水排放。

4.生态恢复

1)湿地恢复

恢复受损的湿地生态系统,提高湿地的水质净化能力,促进野生动植物栖息地的保护。

2)河流生态修复

通过改善河流水文环境、清除污染物和恢复自然水流,保护和改善河流的生态环境。

这些方法的综合应用有助于确保水资源的可持续利用,维护水资源的质量和数量,并减缓水资源的过度开发和污染。这对于生态系统的健康和社会的可持续发展至关重要。

(二)水资源可持续利用的实践

1.农业水资源管理

采用滴灌、旱作农业等节水农业技术,减少灌溉水的浪费。

1)节水农业技术的应用

a.滴灌。

滴灌是一种高效的灌溉技术,通过将水以滴水的方式直接输送到作物根部,最大限度地减少了水的蒸发和流失。滴灌可根据作物需求提供精确的水量,降低了用水量,减少了浪费。

b.旱作农业。

旱作农业是在降水量较少的地区,通过合理的土壤管理和植被覆盖来减少农田的灌溉需求。这种方法减少了水资源的使用,并有助于土壤保持。

2)灌溉管理和计划

a.灌溉计划。

制订详细的灌溉计划,包括确定何时、何地和以何种方式进行灌溉。灌溉计划应基于实际的农田需求和水资源的可用性,以确保高效的水资源利用。

b.水资源分配。

实施公平和合理的水资源分配机制,确保不同农户和农田能够公平分享水资源。这需要建立水权制度和水资源使用监管。

2.城市水资源管理

建设雨水收集系统、提高污水处理效率,实现城市用水的可持续利用。

1)雨水收集系统的建设

a.雨水收集设施。

在城市中建设雨水收集设施,如屋顶雨水收集系统、道路排水系统、雨水花园等,以收集和存储降水。这些系统可以提供灌溉水、冲厕水和冷却水等非饮用水,减少了社会对淡水资源的需求。

b.城市湿地恢复。

通过城市湿地的恢复和保护,可以增加雨水的自然滞留时间,减少了洪水风险,同时提供了生态系统服务和城市绿化。

2)污水处理效率的提高

a.先进污水处理技术。

采用高级的污水处理技术,如生物膜反应器(MBR, Membrane Bio-Reactor)和生物营养去除工艺,提高污水处理效率,降低对淡水的需求,减少污染物的排放。

b.污水再生利用。

建立污水再生利用系统,将经过处理的污水用于工业冷却、景观灌溉和城市绿化等非饮用用途,提高了水资源的可持续利用率。

3.工业用水管理

实施冷却水循环系统,优化工业流程,减少工业用水的消耗。

1)实施冷却水循环系统

a.冷却水循环系统。

企业可以采用冷却水循环系统,将用过的冷却水经过处理后再次利用,减少了对水资源的需求。这有助于降低用水成本,同时减少了废水排放。

b.水质监测和处理。

对循环冷却水进行定期的水质监测,确保水质在可接受范围内,避免管道和设备的腐蚀或堵塞。

2)工业流程优化

a.节水工艺。

采用节水工艺和设备,如高效过滤系统、雨水回收系统等,以减少工业生产中的用水量。

b.工艺优化。

通过改进工业生产工艺,减少废水产生,提高用水的回用率。例如,采用封闭式循环系统来最大程度地减少废水排放。

3)废水处理与再利用

a.废水处理系统。

配备先进的废水处理设备,对工业废水进行处理,以确保排放水质符合环保法规标准,同时可再利用部分废水。

b.工业用水的再利用。

对经过处理的废水进行再利用,用于工业生产中的洗涤、冷却或其他合适的用途。这有助于减少对新鲜水的需求。

4.流域管理

流域管理是一种综合性的水资源管理方法,旨在协调和平衡上下游地区的水资源需求,同时保护和维护流域内的生态系统。它是一种跨学科、跨部门的管理方式,要求政府、社会、企业和公众之间的合作与协调,以确保水资源的可持续利用和保护。

1)流域管理的重要性

a.水资源协调。

流域管理有助于协调上下游地区的水资源利用,避免由于单一地区的开发活动导致其他地区的水资源短缺。这种协调有助于解决水资源争端和冲突。

b.生态系统保护。

流域管理考虑了生态系统的需求,有助于保护和维护河流、湖泊和湿地等生态系统的完整性。这对于保护野生动植物、维持水生生态平衡至关重要。

c.气候变化适应。

流域管理可以帮助地区更好地适应气候变化带来的极端天气事件,如洪水和干旱。通过综合规划和管理,可以更好地应对这些挑战。

d.可持续发展。

流域管理有助于实现水资源的可持续利用,不仅满足当前需求,还保留足够的水资源供未来使用。这是可持续发展的核心原则之一。

2)流域管理的关键要素

a.水资源规划。

流域管理需要制订详细的水资源规划,包括水资源的供应和需求分析、水质管理、灌溉和供水系统的规划等。

b.政策和法规。

制定流域管理的政策和法规是确保其有效性的关键。这些政策和法规应该包括水资源的分配原则、生态系统保护要求,以及应对干旱和洪水的策略。

c.定期监测和数据收集。

定期监测和数据收集是流域管理的基础。这些数据用于评估水资源的状况,预测未来需求,并制定相关策略。

d.社会参与。

流域管理需要广泛的社会参与,包括政府、社会组织、企业和公众。他们应该在流域管理的决策过程中发挥积极作用,提供意见和建议。

水土保持是维护水资源可持续利用的关键,通过减少土壤侵蚀、改善水质和保护生态系统,有助于确保水资源的可持续供应。同时,采用现代的水资源管理方法,包括评估、管理、节水和生态恢复,可以进一步实现水资源的可持续利用,满足社会、经济和生态的需求。

第三节　水利工程社会经济效益评估

一、水利工程社会经济效益评估的方法与价值

(一)方法一:成本-效益分析(CBA,Cost-Benefit Analysis)

成本-效益分析是一种关键的决策工具,用于评估水利工程项目的社会经济效益。以下是 CBA 在水利工程中的应用和具体步骤。

1.确定成本

在进行 CBA 时,需要确定项目的各项成本。这些成本包括以下内容。

1)建设成本

建设成本包括土地购买、工程设计、施工和设备采购等直接与工程建设相关的费用。

2)维护和运营成本

维护和运营成本包括工程项目的日常运营、维护、管理和监控费用。

3)维护费用

维护费用涉及定期维护和修复,以确保工程设施的长期可用性。

2.确定效益

在 CBA 中,效益是指项目的正面影响,可以分为经济、社会和环境效益。

1）经济效益

经济效益包括增加的经济产值、就业机会和税收收入。对于水利工程,经济效益可能来自灌溉增产、发电收益等。

2）社会效益

社会效益包括改善社区生活质量、提供清洁饮用水、减少洪涝风险等对社会的积极影响。

3）环境效益

环境效益包括减少环境污染、保护生态系统、降低温室气体排放等对环境的积极影响。

3.时间价值调整

CBA 需要考虑时间价值的影响。这是因为未来的成本和效益通常不如今天的同等价值高。因此,需要将未来的成本和效益折现到一个共同的时间点,以便进行比较。

4.成本-效益比较

一旦计算出所有成本和效益,并将它们折现到一个共同的时间点,就可以计算出成本-效益比。这是通过将总效益除以总成本来完成的。如果成本-效益比大于1,通常认为项目是经济合理的。

（二）方法二:多准则决策分析（MCDA，Multi-Criteria Decision Analysis）

多准则决策分析是一种强大的方法,用于在水利工程中评估和比较不同项目或政策选项的效益。它允许决策者将多个因素和准则考虑在内,包括经济、社会和环境因素,以制定全面的决策。以下是 MCDA 在水利工程中的应用和具体步骤。

1.确定决策准则

在进行 MCDA 之前,需要确定评估中要考虑的各种因素和准则。这些准则包括:

经济效益:包括项目的经济回报、成本效益比等。

社会因素:包括项目对社区的影响、社会公平性、就业机会等。

环境因素:包括项目对生态系统的影响、资源的可持续性、污染潜力等。

2.数据收集和权重分配

在 MCDA 中,需要收集相关数据来评估每个准则的效益。同时,需要为每个准则分配适当的权重,以反映其在决策中的相对重要性。通常需要与利益相关者和专家进行广泛的讨论和协商。

3.评估项目

一旦确定了准则和权重,就可以将它们应用于不同的项目或政策选项,以确定每个项目在每个准则下的得分。可以通过定量分析、模型构建和专家判断来完成。

4.决策和灵活性

MCDA 不仅提供了一个最佳选项,还允许决策者考虑不同的决策可能性,并评估它们的风险和优劣势。这有助于制定更具灵活性和可持续性的决策。

MCDA 的价值:

综合性决策:MCDA 允许综合考虑各种因素,以制定更全面的决策,不仅考虑经济效益,还考虑社会和环境因素。

资源优化:MCDA 有助于决策者最大程度地利用有限的资源,确保项目或政策能够产生最大的社会经济效益。

透明度和参与度:MCDA 提供了一个透明的方法来理解决策过程,同时鼓励利益相关者的参与和反馈,以确保决策的合法性和可接受性。

总之,MCDA 在水利工程中的应用有助于制定更全面、灵活和可持续的决策,充分考虑各种经济因素、社会因素和环境因素,以满足多方的需求和利益。

二、可持续发展目标在水利工程中的体现

可持续发展目标(SDG, Sustainable Development Goals)在水利工程中具有重要意义,因为水是可持续发展的核心要素之一。以下是 SDG 在水利工程中的体现方式。

(一)清洁饮水和卫生设施(SDG 6)

SDG 6 旨在保障所有人可得到的水源和卫生设施,水利工程在此方面发挥了至关重要的作用,通过以下方式体现了其对 SDG 6 的贡献。

1.饮用水供应

饮用水供应是 SDG 6.1 的核心要素,水利工程通过以下方式在此方面作出贡献。

1)改善供水系统

水利工程包括水库、水井、管道和水处理设施,以确保清洁的饮用水源可供人们使用。这些工程提高了水的可用性,特别是在偏远地区和干旱地区。

2)水源管理

水利工程还有助于可持续地管理水资源,确保长期供水的可行性。这涉及储存和分配水资源,以满足不断增长的用水需求。

2.卫生设施

卫生设施是 SDG 6.2 的核心要素,水利工程通过以下方式在卫生设施方面作出贡献。

1)污水处理

水利工程包括建设污水处理厂和污水管道,确保有效处理废水。这有助于防止水源污染,改善卫生条件。

2)卫生设施改善

水利工程可以提供清洁的卫生设施,如公共厕所和沐浴设施,特别是在城市地区。这些设施有助于改善卫生条件,减少传染病的传播。

3)干旱适应措施

在干旱地区,水利工程可以包括收集雨水和提供灌溉系统,以支持农业和提供清洁水。这些措施有助于改善卫生条件,确保水的可及性。

水利工程在清洁水和卫生领域发挥着重要作用,为实现 SDG 6 的目标提供了关键基础设施和资源管理。通过改善供水和卫生设施,水利工程有助于提高人们的生活质量,降低水源污染风险,并支持可持续水资源管理。这些举措对于社会经济发展和健康的全面提升至关重要。

(二)体面工作和经济增长(SDG 8)

可持续发展目标 SDG 8 旨在促进全球的经济增长,特别是在发展中国家。水资源管

理和灌溉工程在实现这一目标方面发挥着重要作用,通过以下方式与经济增长密切相关。

1.农业产量提高

水资源管理和灌溉工程的重要任务之一是确保农业领域的持续供水。这些工程通过以下方式有助于提高农业产量,从而增加粮食和农产品的供应。

1)提供稳定的灌溉

灌溉系统可以确保在干旱季节和不利气象条件下仍然提供水源,使农民能够进行多季度的农业生产。这不仅增加了农产品的产量,还提高了农民的收入。

2)改进农业实践

水资源管理包括培训农民使用节水技术和高效的农业实践,以提高土地的产出。具体包括选择合适的作物品种、合理施肥和灌溉,以及管理农田的土壤质量。这些实践有助于提高农业生产的质量和增加数量。

2.就业机会创造

水资源管理和相关工程项目通常需要大量的劳动力,包括工程施工、维护、管理和监测。这些项目的开展为当地居民提供了就业机会,提高了他们的经济收入,支持了SDG 8关于创造可持续就业和经济增长的目标。

3.农村和城市经济多样性

水资源管理和农业灌溉项目不仅提高了农村地区的经济收入,还有助于城市地区的食品供应。这种食品供应链的多样性有助于城市居民获得各种农产品,城市的食品安全和经济多样性符合SDG 8的目标。

4.农民收入提高

通过提高农产品产量和质量,水资源管理有助于提高农民的收入水平,对于减少农村地区的贫困和不平等至关重要,这也是SDG 8的一个核心目标。

通过增加农产品供应、提高农民收入和创造就业机会,这些工程有助于改善社会经济状况,支持了SDG 8的可持续发展目标。

(三)减少不平等(SDG 10)

SDG 10鼓励减少不平等。水资源的公平分配和社会参与有助于减少社会和经济不平等。水资源管理应确保资源的平等分配,以满足SDG 10的要求。

1.公平的水资源分配

水是生命之源,每个人都有权利获得足够的清洁水来满足他们的基本需求。然而,在许多地方,包括城市和农村地区,仍然存在水资源不平等的问题。水资源管理的首要任务之一是确保公平的水资源分配,以确保每个人都能够获得所需的水资源。这包括改善供水基础设施,确保清洁饮用水的供应,以及提供灌溉水以支持农业。通过这些措施,水资源管理有助于减少社会和经济不平等。

2.水资源与社会权益

水资源管理不仅关于水的分配,还涉及社会权益。社会参与在水资源管理中至关重要。这意味着政府、社会组织、当地社区和其他利益相关者都应该参与决策过程。社会参与可以确保决策更加包容和透明,避免资源分配中的不平等。若社区居民能够参与决策,他们可以更好地表达自己的需求,从而减少不平等。

3.农村和城市平等

水资源管理还应该关注城市和农村地区之间的不平等。城市通常拥有更好的供水和基础卫生设施,而农村地区可能面临供水不足的挑战。水资源管理需要确保农村社区能够获得充足的灌溉水和饮用水,以支持农业和生计。这有助于减少城乡发展不平衡,符合SDG 10 的目标。

(四)气候行动(SDG 13)

SDG 13 要求采取紧急行动应对气候变化。水利工程可以减少洪水风险,提供干旱适应性措施。例如,建设抗洪堤坝和提供节水灌溉系统。

1.水利工程与减少洪水风险

1)抗洪堤坝和水库建设

水利工程中的抗洪堤坝和水库建设是减少洪水风险的重要手段。这些工程可以调节河流的水流,减轻暴雨引发的洪水,降低对下游社区的危害,保护人们的生命、财产安全,同时减少气候变化引发的极端降雨事件带来的风险。

2)洪水预警系统

水资源管理的一部分是建立洪水预警系统。这一系统使用气象数据、河流水位监测和气象模型,提前预测洪水的发生,并向社区和政府发布警报,使人们有时间采取紧急措施,以减轻洪水带来的破坏。水利工程的信息技术应用在这一方面发挥了关键作用。

2.水利工程与提供干旱适应性措施

1)灌溉和节水系统

在干旱地区,水利工程通过改进灌溉系统来提高农业的干旱适应性。现代灌溉技术可以更有效地利用有限的水资源,确保农田得到充分的灌溉,从而维持农业产量。此外,节水系统的实施可以减少水资源的浪费,提高供水效率,有助于减轻干旱期间的压力。

2)储水和水资源多样化

水利工程还包括储水和水资源多样化。在干旱地区,储水设施如水库和水塔可以储存雨水,供日常用水和农业灌溉。此外,水资源多样化意味着依赖不同的水源,如地下水、雨水和河流水,以减轻干旱期间的压力。这种多样化还有助于提高供水的可靠性,确保社区不会因单一水源的枯竭而受到影响。

3.水利工程与气候适应

生态恢复工程是水利工程的一部分,旨在改善生态系统的健康,增加对气候变化的适应性。例如,湿地恢复可以提供防洪保护,吸收多余的降水,减轻洪水风险。同时,湿地还有助于维护生态平衡,提供栖息地和保护生物多样性。

(五)陆地生物(SDG 15)

SDG 15 强调保护陆地生态系统。水利工程可以确保河流、湖泊和湿地的生态系统健康,符合 SDG 15 的目标。维护水体的水质、保护栖息地和濒危物种都是水利工程功能的一部分。

1.水利工程与生态系统健康

1)水质管理

水利工程在维护水体的水质方面具有重要作用。通过减少工业和农业污染、监测水质和处理废水,水利工程可以确保水体的健康和生态系统的稳定。这有助于维持水中生物多样性,保护鱼类、植物和其他水生生物的生存环境。

2)河流和湖泊的恢复

水利工程项目通常包括河流和湖泊的恢复措施。这些措施包括河床修复、湖泊的淤泥处理和植被管理,旨在改善这些水体的生态健康。通过恢复这些水体的自然状态,水利工程有助于提供栖息地、维护水域生态平衡、减少外来物种的侵入,从而保护了陆地生态系统。

3)湿地保护与恢复

湿地是生态系统的重要组成部分,为众多植物和动物提供了栖息地。湿地的保护有助于控制洪水、过滤水质、储存碳和提供栖息地,维护珍稀和濒危物种的生存环境。

2.水利工程与栖息地保护

1)河流和湖泊栖息地

水利工程的规划和管理通常涵盖河流和湖泊的栖息地,能确保栖息地的连通性,使野生动植物能够迁徙和繁殖。通过保护这些栖息地,水利工程有助于维护陆地生态系统的完整性,确保生物多样性的持续性。

2)濒危物种保护

一些水利工程项目可能会涉及濒危物种的保护,包括物种保护计划、栖息地恢复和监测濒危物种的生存状况。通过这些措施,水利工程有助于保护濒危物种,维护了生态系统的平衡。

通过确保水体的水质、维护栖息地和保护濒危物种,水利工程有助于维持生态系统的健康,保护生物多样性,同时提供人类社会所需的水资源。这需要政府、国际组织、社会团体和工程专业人员的协同努力,以确保水利工程的可持续规划和管理,促进 SDG 15 目标的实现。只有这样,我们才能实现陆地生态系统的可持续保护和管理。

(六)可持续城市和社区(SDG 11)

SDG 11 要求建设包容、安全、弹性和可持续的城市。水资源管理和污水处理等工程有助于实现这些目标。例如,建设雨水收集系统和提高污水处理效率可以改善城市水资源管理。

1.水资源管理与城市用水供应

1)饮用水供应

水资源管理确保城市居民可获得充足、清洁的饮用水,包括建设水库、提供供水系统和设立饮用水处理厂,以满足城市居民的日常需求,同时确保饮用水的安全和质量。这有助于实现 SDG 11.1,即确保人们在城市和人类居住区享有平等的权利,包括可得到的基本服务,如饮用水。

2)雨水收集系统

建设雨水收集系统是提高城市水资源可持续性的重要举措。这些系统通过收集和存储降水,可以供灌溉、冲洗和其他非饮用。雨水收集有助于减轻城市的用水需求,降低对地下水和河流的依赖,符合 SDG 11.4,即加强有关城市和人类居住区的可持续用水管理的能力。

3) 废水处理与再利用

城市污水处理是环境保护的关键措施。通过有效的废水处理,可以减少污染物排放,维护水体生态系统的健康。此外,经过适当处理的废水可以用于灌溉、工业用途和城市景观水体的补充,实现了废水资源的再利用,支持了 SDG 11.6,即减少城市污水排放和加强废水处理和再利用的能力。

2.水资源管理与城市规划

1) 城市弹性

水资源管理在城市规划中扮演关键角色,有助于增强城市的弹性。合理的洪水管理、干旱适应和水资源多样化可以降低城市面临的自然灾害风险,提高城市的抵御力,符合 SDG 11.5,即在未来减少城市对自然灾害的脆弱性。

2) 可持续供水与卫生设施

水资源管理确保城市的供水和卫生设施的可持续性,包括供水系统的更新、卫生设施的改善和水资源的高效利用。这有助于提高城市的生活质量,符合 SDG 11.2,即确保人们在城市和人类居住区拥有安全、可得到的卫生设施。

水资源管理和污水处理工程在实现可持续城市和社区(SDG 11)方面发挥着不可或缺的作用。通过确保饮用水供应、雨水利用、废水处理和城市规划中的水资源管理,人们可以建设更加包容、安全、弹性和可持续的城市。这需要政府、工程师和社会各界的紧密合作,以实现 SDG 11 的愿景,创造更加宜居与可持续的城市和社区。

总之,水利工程在实现可持续发展目标中发挥着关键作用,通过改善供水、卫生、经济、社会公平性、气候适应、生态系统保护和城市可持续性,有助于推动可持续发展。

第六章 水利工程信息化管理

第一节 水利工程信息化管理的背景与特点

一、信息技术在水利工程中的应用演进

(一)早期的水利工程管理

早期的水利工程管理主要依赖手工记录和简单的数据分析。工程师和水利管理者通常使用纸质文件和手工绘图记录水文和水资源信息。这种方法存在以下特点。

1.效率低下

在早期的水利工程管理中,效率低下是一个突出的问题。

1)手工记录

早期的水利工程管理依赖手工记录水文和水资源数据。工程师和水利管理者需要亲自记录数据,包括水位、降水量、流量等数据。这个过程既耗时又烦琐,容易产生人为错误。

2)数据整理

手工记录的数据需要手动整理和归档,包括将纸质记录整理成文件或文档,以便后续使用。数据整理是一个反复的工作,容易导致数据的不一致性和混淆。

3)有限的数据分析能力

由于数据的手工处理,早期的水利工程管理者具有有限的数据分析能力。工程师难以利用数据进行深入的统计分析、模型建立和走势预测。

4)信息不及时共享

纸质文件和手工记录不易在不同部门和单位之间共享。这意味着有关水资源的信息无法及时传递给需要的人员,可能导致决策滞后。

5)难以应对紧急情况

在紧急情况下,如洪水或干旱,手工数据记录和处理的速度往往无法满足及时决策的需求。这可能导致无法有效地应对危机。

6)难以维护数据质量

由于手工记录的不确定性,数据质量往往无法得到有效的监督和控制。这可能导致数据的准确性受到威胁,从而影响决策的准确性。

早期的水利工程管理在效率方面存在明显的问题,主要体现在手工数据记录和处理的方式上。这些问题不仅影响了管理的效能,还可能影响对水资源的决策和保护。因此,引入信息技术和数字化管理方法成为提高效率和数据质量的必要步骤。

2.数据不一致

在早期的水利工程管理中,数据不一致是一个常见的问题。这种不一致性可能涉及不同部门和单位使用不同的记录方法,导致数据的混乱和不可靠。

1)记录方法的差异

不同部门和单位可能采用不同的记录方法来收集和管理水文和水资源数据。例如,一个部门可能使用手工记录,而另一个部门可能使用数字化系统。这种不一致导致了数据的不协调和不兼容。

2)数据格式的多样性

数据不一致还可能涉及数据格式的多样性。不同单位可能使用不同的数据格式和标准,这使得数据难以交流和比较。例如,一个单位可能使用英制单位,而另一个单位可能使用公制单位,导致单位不匹配的问题。

3)数据定义的不清晰

不同部门和单位对于数据的定义和术语可能存在不一致性。这导致了数据的解释困难,可能会出现误解或错误的情况。

4)数据更新的不同步

数据不一致也可能源于数据更新的不同步。某些单位可能会更频繁地更新数据,而其他单位则可能滞后。这导致了数据的时效性问题。

5)数据丢失和冗余

数据不一致还可能导致数据丢失和冗余。某些数据可能被多次记录,而其他数据可能被意外删除或遗漏。

3.信息不可及

在早期的水利工程管理中,信息不可及是一个显著的问题。这一问题主要源于纸质文件存档方式,它带来了信息管理和共享的一系列挑战。

1)纸质文件存档

早期的水利工程管理依赖纸质文件存档方式。这意味着大量的水文和水资源数据以纸质文档的形式存储在档案室中。这些文件包括水位记录、降水量数据、流量记录等。

2)难以管理

纸质文件存档需要大量的储存空间,并且文件的分类和管理变得相当困难。文件可能分散存储,不易查找,而且容易受到物理损坏和灾害的威胁。

3)信息获取困难

当需要查找特定的水文或水资源数据时,可能需要花费大量的时间来检索文件。这会延缓决策和规划的进程,特别是在紧急情况下。

4)信息共享的限制

纸质文件存档方式限制了信息的共享。不同部门和单位之间的数据交流困难,因为文件不容易在远程位置共享。

(二)自动化与数字化的引入

随着计算机技术的发展,自动化与数字化逐渐引入水利工程管理,带来了重大变革。这一阶段的主要特点如下。

1.电子化数据管理

在这一阶段,开始广泛使用电子表格和数据库来管理水利工程的各类数据。与手工记录相比,电子化数据管理大大提高了数据的准确性和可访问性。工程师和管理人员可以轻松地录入、存储、检索和分享数据,从而实现了高效的信息管理。

1)数据录入

电子化数据管理允许工程师和管理人员轻松地录入各种水资源相关数据,如水位、流量、降水量、水质等数据。这一过程通过计算机界面进行,减少了手工录入时的人为错误的发生。

2)数据存储

电子化数据管理使用数据库系统来存储大量水利工程数据。这些数据库提供了安全的数据存储和备份机制,确保数据不会因灾害或人为失误而丢失。此外,电子化数据的存储容量远远超过纸质文件,允许存储大量历史数据,有助于长期趋势分析。

3)数据检索

通过电子化系统,用户可以轻松地检索所需的数据。强大的查询功能和索引系统允许用户根据时间、地点、参数等条件快速找到所需的信息。这节省了大量的时间,使决策者能够更快地访问数据并做出决策。

4)数据分享

电子化数据管理允许多个部门和单位之间更轻松地分享数据。数据可以通过内部网络或互联网进行远程访问,从而加强了多方合作和数据共享。这对于流域管理、政府机构、研究机构和公众之间的信息交流至关重要。

2.数值模拟

随着计算机技术的进步,水利工程管理引入了数值模拟的概念。这意味着工程师可以使用计算机来进行水文和水资源数据的数值模拟和分析。这些模拟有助于更好地理解水资源的动态变化,包括降水-径流过程、水位变化、流量分布等。数值模拟还可以用于预测洪水、干旱等极端事件,帮助做出决策。

1)模拟水文过程

数值模拟允许工程师模拟复杂的水文过程,如降水-径流过程。通过建立数学模型,工程师可以模拟不同降水事件下的径流产生过程和流向,以便更好地理解水资源的动态变化。

2)水位和流量分析

数值模拟可以用于分析水位和流量的变化。通过将水文数据输入数学模型,工程师可以预测河流、湖泊和水库的水位变化,以及流量在不同时段和地点的分布。

3)极端事件预测

数值模拟还可以用于预测极端天气事件,如洪水和干旱。通过模拟不同气象条件下的水文响应,工程师可以提前预警并制定应对策略,以减轻这些事件可能带来的影响。

4)水资源规划

数值模拟在水资源规划中发挥了关键作用。工程师可以使用模型来评估不同水资源管理策略的效果,以确定最佳的水资源提取和分配方案。这有助于确保水资源的可持续利用。

3.GIS 技术引入

地理信息系统（GIS，Geographic Information system）技术逐渐引入水利工程管理。GIS 是一种用于收集、存储、分析和可视化空间数据的工具。在水利工程中，GIS 可以用于绘制地图、管理水文地理数据、识别潜在风险区域，以及规划基础设施。GIS 的应用提高了空间数据管理的效率，并使决策者更好地了解地理上的水资源分布和特征。

1）空间数据的管理和分析

GIS 技术允许水利工程管理者有效地管理和分析大规模的空间数据，包括地形、降水分布、水文地理信息等数据。这些数据的集成和可视化使工程师和决策者更容易理解水资源的地理特征和趋势。

2）地图制作和展示

GIS 可用于绘制各种类型的地图，从基本的地形图到洪水风险地图和水资源分布地图。这些地图不仅可以用于决策支持，还可以向公众传达水资源管理的信息。

3）空间分析和建模

GIS 技术允许工程师进行复杂的空间分析，如洪水模拟、流域特征分析和地质研究。通过 GIS，可以构建数学模型，模拟水资源在地理空间的分布，从而更好地理解水资源系统。

（三）地理信息系统（GIS）的应用

随着计算机技术的迅速发展，GIS 技术在水利工程管理中的应用逐渐成熟，为管理者提供了强大的工具来更好地理解、分析和规划水资源。以下是 GIS 技术在水利工程中的应用和特点。

1.空间数据分析

GIS 技术可以用于对水资源的空间分布进行深入分析，包括分析河流、湖泊、水库、水文站点等水体的地理位置分布。通过地理数据的空间分析，可以揭示不同地区的水资源状况，帮助决策者更好地了解水资源的分布和可利用性。

1）水资源分布

GIS 可以用来绘制水资源的分布地图，包括河流、湖泊、水库、水文站点等水体的地理位置。这有助于决策者了解水资源在不同地区的分布情况，识别水资源丰富的区域，以及潜在的缺水区域。通过分析水资源的分布，可以更好地规划水资源的开发和利用策略。

2）水文地理特征

GIS 可以用来捕捉水文地理特征，如流域边界、地形特征、降水分布等。这些信息对于洪水模拟、水资源评估和土地利用规划至关重要。通过分析地理特征，可以预测洪水风险、确定合适的灌溉方案，并制定水资源管理政策。

3）水质监测

GIS 可以与水质监测数据集成，以分析水体的水质状况和污染源的地理分布。这有助于识别水质问题的热点区域，制定污染防控措施，并监测水质的长期趋势。通过将水质数据与地理位置相关联，决策者可以更好地了解水体的健康状况。

2.可视化工具

GIS 允许制作各种类型的地图和可视化工具,使水利工程管理更加直观和易于理解。通过制作地图,工程师和决策者可以在地理空间中可视化水资源数据,从而更好地规划和管理这些资源。这些地图不仅对专业人员有用,还可以用于向公众传达有关水资源的信息。

1)地图制作

GIS 技术可以用来制作各种类型的地图,包括地形图、水文图、水资源分布图等。这些地图可以直观地展示地理空间中的水资源分布情况,包括河流、湖泊、水库、水文站点等的地理位置和特征。地图不仅对工程师和科研人员有用,还对政府部门和公众传达有关水资源的信息具有重要意义。

2)空间数据可视化

GIS 允许将水资源数据以可视化的方式展示在地图上。例如,可以使用不同的颜色和符号来表示不同地区的水资源量,这有助于快速识别水资源的丰富程度和分布情况。这种可视化方法使决策者更容易理解复杂的水资源数据。

3)时空变化分析

通过 GIS,可以创建动态的地图和图表,以显示水资源的时空变化。这对于分析水位、降水、流量等随时间和地点的变化非常有用。这种可视化方法有助于识别季节性变化和长期趋势,为水资源管理提供重要的见解。

4)三维可视化

有时需要更高级的可视化工具,如三维地图和地形模型。这些工具可以用于分析地下水位、地表高程和洪水模拟等复杂的水资源问题。通过三维可视化,决策者可以更全面地理解水资源的三维分布。

3.综合数据管理

水利工程涉及多种类型的数据,包括水文数据、地理数据、水质数据等。GIS 系统允许将这些不同类型的数据整合到一个综合性平台中进行管理和分析。这有助于工程师更全面地了解水资源情况,同时也提高了数据的可访问性和可操作性。

1)数据整合

GIS 系统允许将来自多个来源的不同类型数据整合到一个综合性平台中,即将水文数据、地理数据、水质数据等整合在一起,以便工程师和决策者可以在一个系统中访问和分析这些数据。数据整合提高了数据的可操作性,减少了数据分散和重复录入的问题。

2)空间数据管理

GIS 系统以空间数据为核心,可以有效地管理和分析地理信息数据。通过 GIS,用户可以在地图上可视化地展示水资源数据的空间分布和相关信息,例如河流、湖泊、水库、水文站点等的地理位置。这有助于更好地理解水资源的地理特征和分布。

3)数据质量控制

综合数据管理包括数据质量的控制和监督。GIS 系统可以帮助识别数据中的异常值、错误和不一致,从而提高数据的准确性和可信度。这对于做出正确的水资源决策至关重要。

4）数据存储和检索

GIS 系统提供了高效的数据存储和检索机制,使用户能够轻松地存储大量数据并快速检索所需信息。这对于在紧急情况下快速获取和分析数据至关重要,例如在洪水或干旱事件中。

(四)云计算和大数据技术

云计算和大数据技术的引入为水利工程管理提供了更大的灵活性和处理能力。

1.大规模数据处理

水利工程涉及大量的水文和水资源数据,如水位、流量、降水、蒸发等。云计算和大数据技术具有处理大规模数据的能力,可以高效地存储、管理和分析这些数据。这使得工程师可以进行复杂的数值模拟和预测,以便更好地了解水资源分布规律和变化趋势。

1）数据存储和管理

传统的数据存储方法可能无法有效地处理大规模水文数据。云计算提供了高度可扩展的存储解决方案,可以容纳海量的数据。大数据存储系统允许水利工程管理者将所有数据集中存储,以便轻松访问和管理。

2）数据采集和传输

传感器和监测设备的广泛应用使得水文数据的采集更加自动化和频繁。这些设备可以实时监测水位、流量、水质等数据,并将数据传输至云端服务器。这意味着工程师可以获得更及时、详细的数据,有助于更准确地监测和响应水资源的变化。

3）高性能计算

云计算和大数据平台提供了高性能计算资源,可以进行复杂的数值模拟和分析。工程师可以使用这些资源来建立水文模型、进行气象预测、模拟洪水事件等。这有助于更好地理解水资源的行为和趋势。

4）数据分析和挖掘

大数据技术包括强大的数据分析和挖掘工具,可以帮助工程师从海量的水文数据中提取有用的信息。通过分析历史数据,可以发现潜在的模式、趋势和异常情况。这对于预测未来的水资源状况和制定有效的管理策略至关重要。

2.实时数据监测

云计算和大数据技术使得实时监测水文数据成为可能。传感器和监测设备可以实时收集水文数据,将数据传输至云端服务器进行处理和分析。这意味着工程师可以更迅速地获取有关水资源的信息,从而能够更及时地做出决策,特别是在面临紧急情况(如洪水、干旱)时。

1）及时洪水预警

在面临洪水威胁时,实时监测水位和降水数据至关重要。传感器可以实时监测河流和湖泊的水位,当水位升高到危险水平时,系统可以立即发出警报,提醒决策者和当地居民采取紧急措施,从而减少洪水造成的损失。

2）干旱管理

实时监测降水量和水库水位等数据有助于有效管理水资源,特别是在干旱时期。工程师可以根据实时数据的变化来调整水资源的分配和利用,以确保供水的可持续性。

3）水质监测

实时水质监测可以帮助识别污染源并及时采取措施，以保护水体生态系统和供水安全。当出现水质问题时，实时监测系统可以提供警报，以便迅速应对污染事件。

4）节水管理

在农业和城市供水领域，实时监测可以用于优化灌溉和供水系统。通过监测土壤湿度和水位，农民和供水公司可以根据实时数据来调整灌溉和供水计划，从而节约水资源并提高效率。

3.高级分析工具

大数据分析工具如机器学习、人工智能等被广泛应用于水利工程中。这些工具可以挖掘数据中的模式和趋势，从而提供更深入的洞察和预测。例如，通过分析历史降水数据和洪水事件，可以开发出洪水预测模型，帮助预测未来的洪水风险。这些高级分析工具提高了水利工程管理的智能化水平，有助于更好地应对水资源管理的复杂性和不确定性。

1）洪水预测和管理

机器学习可以分析历史洪水事件、降水数据和水位监测数据，以开发出高度精确的洪水预测模型。这些模型可以提前几天甚至几小时预测洪水的发生和规模，使当地政府和居民能够采取紧急措施，减少洪水造成的损失。

2）干旱监测和管理

通过分析气象数据、土壤湿度数据及植被覆盖数据，机器学习可以帮助监测干旱状况，并预测干旱的发生。这有助于水资源管理机构和农民制定更有效的干旱应对策略。

3）水质监测和改善

机器学习可用于分析水质数据，识别水体中的污染源，并预测水质问题的发生。这有助于保护水体生态系统和确保饮用水的安全。

4）水资源分配优化

人工智能可以优化水资源的分配和利用，以满足不同领域的需求，包括农业、工业和城市供水。这可以通过实时监测数据来调整水资源分配，以应对变化的需求和资源的稀缺性。

（五）物联网和传感技术

物联网和传感技术的发展使水利工程可以实时监测和控制。

1.传感器应用

使用各类传感器监测水体水温、水压、水位、水质等数据，数据远程传输至中央数据库，实现实时监测。

1）传感器的重要性

a.数据获取。

传感器是获取环境数据的关键工具。在水资源监测中，传感器能够实时、精确地收集水质、水位、水温、水压等数据，提供了决策所需的基础信息。

b.实时监测。

传感器能够连续不断地监测水资源的状态，实现实时数据传输。这种实时性有助于及时发现问题和采取措施,从而降低了灾害风险。

c.自动化。

传感器可以自动化运行,减少了人工干预,提高了数据的可靠性和一致性。

2)传感器在水资源管理中的应用

a.水质监测。

传感器可以测量水中各种参数,如 pH、浊度、溶解氧、氨氮等,用于评估水体的质量。这对饮用水水源、水生态系统和农业灌溉等都至关重要。

b.水位测量。

传感器可用于测量河流、湖泊和水库的水位,以帮助洪水预警和水资源管理。水位监测还可用于控制水库闸门的开关,实现水资源的合理分配。

c.水文监测。

传感器可以测量水文参数,如流量、流速和水温,用于洪水预测、河流生态系统管理以及水资源规划。

d.水压监测。

在水利工程中,传感器可以监测管道和水泵的水压,帮助维护设备的正常运行,并提高供水效率。

e.数据远程传输。

传感器通过无线网络或卫星通信将数据传输至中央数据库。这使得监测数据可以从遥远的地点实时收集和分析,为决策者提供重要信息。

2.远程控制

基于传感数据,可以远程控制水利工程,例如控制水闸、泵站和灌溉系统。

1)远程控制的重要性

a.提高效率。

远程控制技术使水利工程的运营和管理更加高效。操作员可以通过远程监控和控制系统实时响应问题,减少人工干预的需求,提高了工作效率。

b.降低风险。

远程控制可以减少操作员进入危险区域的需求,降低了操作人员的风险,特别是在洪水等危险情况下。

c.节约成本。

远程控制减少了巡检和维护的成本,通过远程故障诊断,可以更准确地定位和解决问题,降低了维修费用。

2)远程控制在水利工程中的应用

a.水闸控制。

远程控制系统可用于开启或关闭水闸,以调节河流流量、水位和洪水防御。这有助于避免洪水危害和确保供水稳定。

b.泵站控制。

在农业灌溉和城市供水中,远程控制可用于管理泵站的运行,根据需求调整水的供应量。

c.水质控制。

通过传感器监测水质数据,远程控制系统可以自动启动污水处理设备或改变流动路径,以维持水质标准。

d.灌溉系统。

农业灌溉系统可以通过远程控制进行智能灌溉,根据土壤湿度、气象数据和作物需求来调整灌溉计划,提高水资源利用效率。

3.数据集成

物联网技术实现了各种传感器和设备的数据集成,提高了系统的整体性能。

1)数据集成的背景与定义

随着物联网技术的迅猛发展,各种传感器、设备和系统已经广泛部署,以实现数据的采集、传输和处理。数据集成是指将来自不同数据源、格式和类型的信息汇聚到一个统一的平台或系统中,以实现数据的协同使用和分析。

2)数据集成的重要性

a.实现全面洞察。

数据集成允许从多个数据源收集信息,全面洞察,有助于更好地理解和解释事件、趋势和模式。

b.提高决策效率。

通过数据集成,决策者可以获得更全面、实时的信息,从而能够做出更明智、更迅速的决策。

c.优化资源利用。

数据集成可以协调不同资源的使用,降低资源浪费,提高效率,例如在能源管理、物流和生产中的应用。

3)物联网中的数据集成

物联网中的传感器产生大量数据,数据集成允许将这些数据汇总、处理和分析,以实现实时监测和预测。不同制造商的设备和系统可能使用不同的通信协议和数据格式。数据集成技术可确保这些设备之间的互操作性,使它们能够无缝协同工作。数据集成为大数据分析提供了可靠的数据来源。通过将多个数据源整合在一起,可以更好地应对大规模数据集的挑战,实现更深入的洞察。

信息技术在水利工程中的应用演进不仅提高了工程管理的效率和精确性,还为决策者提供了更多有关水资源的信息和见解,有助于更好地保护和管理宝贵的水资源,以进一步提高水利工程的效能。

二、信息化管理带来的变革与挑战

(一)信息化管理带来的变革

1.数据集成与共享

1)协同性提升

信息化管理推动了数据集成与共享,不同部门和单位之间的数据可以更容易地协同使用。在水利工程中,这意味着工程项目各个阶段的数据可以被有关方面共享,包括设计、施工、运营和监测等。

2）数据一致性

数据集成确保了数据一致性，减少了信息传递中的误差和不一致性。这在工程项目中尤为关键，因为错误的数据可能导致严重的后果。

3）决策支持

通过数据集成，决策者可以获得更全面、实时的数据，从而能够更明智地规划、管理和调整工程项目。这有助于提高工程项目的质量和效率。

2.决策支持方法

1）数据分析工具

现代信息化系统提供了高级的数据分析工具，如人工智能和机器学习。在水利工程中，这些工具可以用于水资源管理、洪水预测和水质监测等方面。

2）实时数据监测

信息化管理使得水利工程可以进行实时数据监测，监控水位、水质、设备状态等。这使工程人员能够更及时地了解工程状态，并采取必要的措施。

3）预测模型

基于历史数据和实时监测，信息化系统可以建立预测模型，用于预测未来的水资源状况和可能的问题。这有助于提前制定应对策略。

3.实时监控与预警

1）物联网技术

物联网技术的应用使得工程可以实时监控各种参数，如水位、水质、设备状态等。这有助于工程及时发现问题，采取措施，从而降低了风险。

2）预警系统

基于实时数据，信息化管理可以建立预警系统，提前警示可能的问题，如洪水、设备故障等，以减少潜在损失。

3）风险降低

实时监控和预警系统可以大大降低工程项目的风险，确保工程安全、高效运行。

信息化管理为水利工程带来了重大变革，通过数据集成、决策支持和实时监控与预警，提高了工程的效率、安全性和可持续性。这些技术和方法的应用使得水利工程能够更好地适应现代社会的需求和挑战。

（二）信息化管理带来的挑战

1.数据安全

1）数据隐私和保护

随着大量敏感数据的数字化和集成，数据隐私和保护成为首要挑战，确保数据不被未经授权地访问和滥用。

2）威胁与攻击

信息化系统容易成为网络威胁与攻击的目标。黑客、恶意软件和网络病毒可能导致数据泄露和系统瘫痪。

2.技术培训

1）员工技能

引入新技术需要员工具备相应的技能,需要对员工进行培训和教育,确保员工能够充分理解和使用新系统。

2）技术更新

技术迅速发展,需要不断跟进和更新技能。水利工程人员需要定期接受培训以适应新技术和工具。

3.成本

1）硬件和软件成本

信息化管理需要大量的资金投入,包括硬件、软件和系统基础设施的采购和维护成本,对工程项目的预算构成一定压力。

2）人力成本

维护和管理信息化系统需要专业的人员,招聘和雇佣这些人员也需要一定的成本。

4.标准与互操作性

1）标准化问题

不同系统和软件可能采用不同的标准和协议,导致数据不一致性和集成困难。制定和遵循统一的标准是一项挑战。

2）互操作性

确保不同系统和设备之间的互操作性是一项复杂的工程,需要仔细地规划和技术支持。

水利工程信息化管理的演进与挑战表明,现代信息技术在提高水资源管理效率和决策质量方面具有巨大潜力。然而,实现信息化管理需要克服一系列技术、安全和管理方面的难题,需要政府、企业和研究机构的共同努力。只有充分认识信息化管理的价值和挑战,才能更好地利用现代技术来管理和保护宝贵的水资源。

第二节　水利工程信息化建设与应用

一、信息化基础设施的构建与布局

(一)数据中心建设

为了存储和管理海量的水利工程数据,建设高效可靠的数据中心是首要任务。数据中心需要具备高度的可扩展性、冗余性和安全性。

1.可扩展性

水利工程涉及大量的数据收集、存储和分析,这些数据的数量随着时间的推移可能会急剧增加。因此,确保数据中心具有高度的可扩展性是保障数据安全、提高工作效率和支持未来发展的关键因素。

以下是数据中心可扩展性在水利工程中的重要性。

1）数据增长的挑战

随着监测技术和传感器的发展，水利工程产生的数据量不断增加，包括水文数据、水质数据、气象数据等。如果数据中心不具备足够的可扩展性，将难以应对不断增长的数据挑战，可能导致数据丢失或不完整。

2）突发事件需求

在自然灾害或紧急情况下，水利工程数据的需求可能会激增。例如，在洪水或干旱事件中，需要大量的实时数据来支持紧急决策。可扩展的数据中心可以迅速增加资源以满足这些需求。

3）数据分析的复杂性

水利工程数据通常需要复杂的分析和模拟，以支持资源管理和决策制定。可扩展性意味着可以轻松添加更多的计算资源，以加快数据处理和分析的速度，从而更好地理解和预测水资源行为。

2.冗余性

数据中心的冗余性在水利工程中扮演着至关重要的角色。它是为了确保数据的持续可用性和业务连续性而采取的关键策略。冗余性意味着在数据中心的各个关键组件和功能上都有备用系统，以应对可能的故障或灾难情况。

1）数据连续性和业务可用性

在水利工程中，数据的连续性至关重要。失去对水资源数据的访问可能会对工程和决策制定产生严重影响。冗余性确保了即使在发生故障或灾难事件时，数据仍然可用，业务可以继续运行。

2）数据备份和恢复

冗余性包括数据备份和恢复策略。备份系统定期复制数据，确保即使在主要系统故障时也可以使用备份数据来恢复业务。这是防止数据丢失的关键措施。

3）设备和电源冗余

数据中心的设备和电源通常是冗余的。这意味着如果一个关键组件（如服务器、网络设备或电源供应）发生故障，备用组件将立即接管，以确保服务的连续性。此外，备用电源（如发电机或不间断电源设备）可在电力中断时提供电力。

3.安全性

数据中心的安全性在水利工程数据管理中具有关键性作用。它是确保水资源数据不受未经授权的访问、损坏或泄露的关键因素。

1）保护敏感数据

水利工程中包含大量敏感数据，如水质监测、水文和工程设计数据。这些数据的泄露可能对工程和环境造成严重影响。因此，数据中心必须采取措施来保护这些敏感数据的安全性。

2）防止未经授权的访问

访问控制是确保数据安全的关键。数据中心必须实施严格的身份验证和授权策略，以确保只有经过授权的用户才可以访问数据，包括使用密码、双因素身份验证和生物识别技术等。

3）防火墙和入侵检测系统（IDS，Intrusion Detection System）

数据中心通常部署防火墙和入侵检测系统 IDS 来监控和阻止恶意网络流量。防火墙可以过滤潜在的网络攻击，而 IDS 可以检测异常行为并采取措施来阻止入侵。

（二）传感器网络

在水利工程各个关键节点部署传感器，以实时监测水位、水质、水温等数据。传感器网络的布局需要充分考虑监测点的分布和覆盖范围。

1.智能部署

传感器网络的部署需要智能规划，以确保监测点的分布能够全面覆盖水利工程的关键区域。使用 GIS 技术和模拟分析工具可以帮助确定最佳的传感器位置。

1）最大程度覆盖关键区域

传感器网络的目标是全面监测水资源，因此必须在关键区域部署传感器以获得最全面的数据。这些关键区域可能包括河流、湖泊、水库、水文站点等。使用 GIS 技术可以帮助确定这些区域，并规划最佳的传感器位置。

2）数据需求分析

在部署传感器之前，需要进行数据需求分析，包括确定需要监测的参数（如水位、流量、水质等）及数据的时间分辨率。不同的水利工程可能有不同的数据需求，因此必须根据具体情况来规划传感器网络。

2.数据标准化

为了确保不同类型传感器的数据可以互操作，需要采用通用的数据标准和通信协议，以便数据的集成和分析。

1）互操作性

在水利工程中，涉及众多的传感器、设备和数据源，这些来自不同供应商的设备通常使用不同的数据格式和通信协议。数据标准化确保这些异构数据源之间能够互相交流和协同工作，无缝集成各种数据。

2）数据一致性

标准化数据格式和结构有助于确保数据一致性。一致的数据格式和标准定义能够减少数据错误、混淆和歧义，提高数据的质量和可信度。

3）降低集成成本

数据标准化简化了数据采集、传输和处理的流程，降低了集成不同系统和设备所需的成本和复杂性。这对于水利工程中的多样化设备和传感器至关重要。

3.能源管理

传感器网络的能源管理是关键问题，特别是对于远程或难以访问的监测点。太阳能、低功耗通信技术和节能设计可以帮助延长传感器的运行时间。

1）太阳能供电

太阳能电池板是一种可再生能源，适用于远程和难以到达的监测点。通过安装太阳能电池板，可以将阳光转化为电能，为传感器供电。这种方式环保且可持续，可以在阳光充足的地区提供可靠的电力。

2）低功耗通信技术

选择低功耗通信技术，如低功耗广域网（LoRaWAN, LoRa Wide Area Network）或窄带物联网（NB-IoT, Narrow Band Internet of Things），有助于降低传感器的能耗。这些通信技术能够以较低的功耗传输数据，延长传感器的电池寿命。

3）节能设计

传感器设备本身的节能设计也至关重要。采用低功耗的处理器、传感器和电子元件，以及有效的休眠模式管理，可以减少设备在非活动状态下的能耗，延长电池寿命。

（三）通信网络

建设可靠的通信网络用于传输监测数据和远程控制信号，包括有线和无线通信技术，确保数据的及时传输和接收。

1.多样化通信技术

通信网络应包括多种技术，如有线、无线、卫星通信等，以确保数据的可靠传输。不同区域可能需要不同的通信解决方案。

1）有线通信

有线通信是一种稳定可靠的传输方式，适用于较短距离的数据传输，如传感器到数据中心的本地连接。它通常具有高带宽和低延迟，适用于需要实时数据传输的场景。

2）无线通信

无线通信技术如 Wi-Fi、蓝牙和 ZigBee 等在水利工程中广泛使用。它们适用于移动传感器、难以布线的区域，以及需要远程监测的情况。无线通信提供了更大的灵活性和覆盖范围，但可能受到干扰和距离限制。

3）卫星通信

卫星通信是一种全球性的通信解决方案，适用于偏远地区或没有传统通信基础设施的地方。它可以覆盖大范围，并支持远程监测和控制。然而，卫星通信通常具有较高的成本和较长的信号延迟。

2.安全通信

数据在传输过程中需要加密和保护，以防止数据被恶意访问或篡改。采用虚拟专用网络（VPN）和数据加密可以增强通信的安全性。

1）虚拟专用网络

虚拟专用网络（VPN, Virtual Private Network）是一种安全通信技术，可用于加密和隧道传输数据，以确保数据的机密性和完整性。在水利工程中，远程监测站点和数据中心之间的通信通常会采用 VPN，尤其是在通过互联网进行通信时。VPN 提供了一种安全的通信通道，使数据无法被窃听或篡改。

2）数据加密

数据加密是确保数据传输和存储的核心安全措施之一。它涉及将数据转换为不可读的格式，只有授权的用户才能解密和访问数据。在水利工程中，采用强加密算法来保护传感器数据、控制命令和通信通道。加密应用于有线和无线通信及数据存储。

3）身份验证和访问控制

身份验证和访问控制确保只有授权用户能够访问敏感数据和控制系统。多因素身份验证(如密码和令牌)和访问控制列表(ACL,Access Control Lists)用于管理谁可以访问哪些数据和系统。这有助于防止未经授权的用户访问数据或进行控制操作。

(四)数据存储与管理系统

实现水利工程数据的集中存储、管理和备份,确保数据的完整性和可用性。

1.数据存储技术

数据存储系统应采用高性能的存储技术,如分布式文件系统或云存储,以应对大规模数据的存储需求。

1)分布式文件系统

分布式文件系统是一种能够将数据分布在多个物理位置的存储系统。在水利工程中,可以将监测数据和工程文件存储在多个节点上,以提高数据的可用性和容灾性。分布式文件系统还可以实现数据的分布式处理,提高数据的处理效率。

2)云存储

云存储是一种将数据存储在云服务提供商的服务器上的方法。在水利工程中,可以使用云存储来存储和备份数据,同时可以通过云服务提供商提供的工具来实现数据的安全性和可扩展性。云存储还可以降低数据存储的管理和维护成本。

3)分层存储

水利工程中的数据通常具有不同的访问需求。分层存储技术可以根据数据的访问频率和重要性将数据分为不同的层级,以便更有效地管理数据。较频繁访问的数据可以存储在高性能存储层,而不经常访问的数据可以存储在低成本的存储层。

2.数据备份和恢复

数据管理系统需要定期进行数据备份,并建立完备的数据恢复计划,以应对数据丢失或损坏的情况。

1)数据安全性

数据备份是一项关键的安全措施,可保护数据免受各种威胁,如硬件故障、恶意软件、数据丢失或误删除等。在水利工程中,监测数据和工程设计文件等都是宝贵的资产,需要得到妥善保护。

2)业务连续性

在水利工程中,数据的丢失或损坏可能导致工程暂时中断或严重延误,对工程进展和项目计划造成不利影响。通过定期备份数据并建立数据恢复计划,可以确保在数据问题发生时能够快速恢复业务,维持工程的连续性。

3)合规性和法规要求

在某些情况下,水利工程需要遵守法规和合规性要求,这些要求可能包括数据备份和恢复的规定。保持数据备份和恢复的最佳实践有助于满足这些要求,减少法律风险。

3.数据质量管理

数据存储系统应具备数据质量管理功能,包括数据清洗、数据去重和错误修复,以确保数据的准确性和可靠性。

1)数据清洗

数据清洗是指检测和修复数据中的错误、不一致性和缺陷的过程。在水利工程中,数据可能受到多种因素的影响,如传感器误差、数据录入错误或通信问题。通过数据清洗,可以识别和纠正这些问题,确保数据的准确性。例如,一些传感器可能会偶尔生成异常值,需要进行数据清洗以排除这些异常值的影响。

2)数据去重

数据去重是指在数据集中识别和删除重复的数据记录。在水利工程中,多个数据源可能提供相同的信息,导致数据重复。去重可以减少数据存储成本并提高数据的一致性。例如,当不同传感器同时提供相同水位数据时,可以通过去重策略消除冗余。

3)错误修复

错误修复涉及对已知错误的主动干预和修复。在水利工程中,如果已知某个数据点存在错误,可以通过手动或自动的方式进行修复。例如,如果一个水位传感器因技术故障导致高水位数据异常时,工程人员可以手动修复该数据点,以确保数据的可靠性。

通过以上信息化基础设施的构建与布局,水利工程能够更好地支持实时监测、数据分析、决策制定和远程控制,提高水资源管理的效率和可持续性。

二、信息化在规划、设计、施工中的应用案例

(一)智能规划与设计

智能规划与设计在水利工程中的应用是信息化管理的一个重要方面。它通过整合地理信息系统(GIS)、遥感技术和数值建模等工具,实现了更智能、更精确的规划与设计过程。

1.水库规划与坝址选择

在水库规划与坝址选择过程中,智能规划与设计工具发挥了关键作用。通过 GIS 技术,工程师可以获取包括地形、土壤类型、降水分布等多种地理信息数据。这些数据可以与数值模型相结合,模拟不同坝址下的洪水情况、水库容量和洪水泄洪能力。工程师可以使用这些信息来比较不同坝址的风险和效益,选择最佳的坝址。

例如,考虑一座新建水库的规划。传统方法可能仅基于工程师的经验和少量地形图来选择坝址。然而,智能规划工具可以利用高分辨率卫星图像和激光雷达数据来创建精确的地形模型,同时考虑气象数据和历史洪水事件。这些数据的集成分析可以帮助工程师更准确地评估坝址的潜在洪水风险,确保选择最安全的坝址,降低生态风险,并优化工程投资。

2.城市防洪规划与土地利用

在城市规划中,智能设计工具可以帮助规划者更好地考虑防洪需求。通过 GIS 和数值模型,可以模拟城市降水引发的洪水情况,预测哪些地区容易受洪水威胁。基于这些信息,规划者可以制定土地利用政策,限制在洪水风险区域内的建设,保护城市的安全性。

例如,一座城市可能位于一个洪水易发生的地区。传统规划方法可能只依赖历史洪水数据来确定风险区域。然而,智能规划工具可以结合地形、降水、土地利用和人口分布数据,实时模拟不同降水情景下的洪水影响。这有助于规划者更全面地了解城市的洪水脆弱性,采取预防措施,减少潜在的洪水风险。

3.生态保护与工程规划的整合

水利工程通常涉及生态系统的破坏,但智能规划工具可以帮助工程师在规划过程中最小化生态风险。通过整合生态学数据和GIS,工程师首先识别出生态关键区域,如湿地、栖息地和珍稀物种分布区。然后,调整工程设计,避免对这些关键区域的不利影响。

例如,一个水利工程计划穿越一片湿地区域。传统方法可能会简单地推动工程设计,而忽视湿地的生态价值。然而,智能规划工具可以显示湿地的生态系统,并提供替代设计选择,以最大程度地减少对湿地的干扰。这有助于保护生态系统的完整性,维护生态平衡。

智能规划与设计在水利工程中是一种强大的工具,它通过整合多种数据源和模型,帮助工程师更全面、精确地规划和设计工程,降低风险,保护环境,提高工程效益。

(二)施工监控与管理

信息化系统在水利工程的施工监控与管理中发挥了重要作用。传感器网络可以用于监测设备状态、材料使用情况和施工进度。这些数据可以实时传输到中央数据库,工程管理人员可以通过远程访问实时数据,及时识别问题并采取纠正措施。例如,在一座大坝的施工过程中,传感器可以监测坝体的变形和温度,确保施工质量和安全性。

1.大坝施工的实时监控

在大型水坝的施工中,安全性是至关重要的。智能监控系统可以在施工过程中实时监测坝体的变形、温度和压力等关键参数。这些传感器数据通过通信网络传输至中央数据库,工程管理人员可以远程访问这些数据,并对大坝的状态进行实时监控。

例如,在坝体的某个区域出现异常的情况下,传感器可以立即检测到,并将警报信息发送给相关人员。这样,工程团队可以迅速采取措施,避免潜在的危险情况。此外,这些实时数据还有助于优化施工进程,提高工程效率,减少成本。

2.材料使用监控

在水利工程中,材料的质量和使用情况对工程的安全性和可持续性至关重要。传感器可以用于监测材料的使用情况,例如混凝土浇筑过程中的浇筑速度、温度和强度。这些数据被记录并与预定的标准进行比较。

在混凝土浇筑过程中,传感器检测到浇筑速度异常快或温度过高,系统会自动发出警报。这可以防止混凝土出现质量问题,并确保工程的结构安全。此外,监控材料使用还有助于计算实际材料消耗,对工程成本进行更准确的估算。

3.施工进度管理

在水利工程中,合理的施工进度管理是确保工程按计划进行的关键。传感器网络可以监测不同施工环节的进度,并将数据传输至中央管理系统。工程管理人员可以随时查看施工进度的实时数据,了解哪些环节可能出现延误。

例如,在一座水利工程的堤防建设中,传感器可以用于监测土方工程的进度。如果监测数据显示土方进度与计划进度不符,系统将自动发出警报,工程管理人员可以立即采取措施,如重新调度资源,以确保工程的按时完成。

信息化系统在水利工程的施工监控和管理中具有巨大的潜力。通过实时监测关键参数、材料使用情况和施工进度,工程团队可以更好地管理工程质量、确保工程的安全性和效率。这有助于降低工程风险,提高工程的可持续性,同时也为未来的维护和管理提供了宝贵的数据资源。

(三)数据集成与共享

信息化支持不同水利工程项目之间的数据集成与共享。通过建立标准化的数据格式和通信协议,可以将不同项目生成的数据集成到统一的平台上。这样,水资源数据、气象数据和地形数据等可以在不同项目之间共享,有助于更好地协调和管理资源。例如,多个城市的水资源管理部门可以共享河流流量和水质数据,以协调跨市的水资源分配。

1.跨区域水资源共享

在某个国家的多个地区,存在不同的水利工程项目,包括水库、灌溉系统和供水网络。这些项目分散在不同的地理位置,但它们都依赖于相同的水资源,如河流和湖泊。为了更有效地管理这些水资源,国家水资源管理部门建立了一个信息化平台,允许不同地区的工程项目共享水资源数据。

通过这个平台,每个地区的水利工程项目可以实时监测河流流量、水质和水位等关键参数。这些数据自动传输到中央数据库,其他地区的项目可以随时访问这些数据。这种跨区域的数据共享有助于更好地协调水资源的分配,以应对旱季和丰水期的变化。

2.气象数据共享

气象数据对于水利工程的规划和管理至关重要。在某个国家的多个水利工程项目中,都需要使用气象数据来预测降水、温度和风速等气象条件,以便合理规划水资源的利用和采取适当的防洪措施。

为了实现气象数据的共享,国家气象部门与水利工程管理部门合作建立了一个信息化系统。气象数据自动传输到中央平台,并与水利工程项目的数据集成。这意味着不同地区的工程项目可以实时访问准确的气象数据,帮助他们更好地预测气象条件,采取适当的措施来保护工程的安全和确保效率。

(四)预测与预警系统

信息化技术支持水利工程的预测与预警系统的建立。这些系统基于实时监测数据和数值模型,可以预测洪水、干旱和水质问题。当系统检测到潜在风险时,会自动发出预警,通知相关部门和居民采取必要的措施。例如,一个水文预测与预警系统可以监测降水量、河流流量和坝体状态,预测洪水的发生,并提前通知居民撤离。

1.洪水预警系统

在一个洪水频发的地区,一座大型水库上游存在洪水风险。为了保护下游城市和农田,水利工程管理部门建立了一个信息化的洪水预警系统。这个系统依赖于实时的监测数据,包括降水量、水库水位、河流流量和坝体状态。

当系统检测到降水量急剧增加或水库水位超过安全水位时,它会自动发出警报。这个警报通过短信、电子邮件和手机应用程序发送给当地政府、紧急救援部门和居民。居民可以收到及时的警告,采取撤离或其他安全措施,从而减少了潜在的生命和财产损失。

2.水质监测与预警

在一个城市的饮用水供应系统中,水利工程部门建立了一个水质监测与预警系统。

这个系统使用传感器来监测水源、水库和供水管道中的水质参数,如 pH、溶解氧、重金属含量等。

当系统检测到异常的水质数据时,它会立即发出警报,通知污水处理厂的操作员和城市卫生部门,他们可以立即采取措施来停止供水或改善水质。这种水质监测与预警系统有助于确保居民获得安全的饮用水,同时降低了水质问题可能引发的健康风险。

(五)远程控制与自动化

基于传感数据与自动化系统,可以实现水利工程的远程控制。工程师可以远程操作水闸、泵站和灌溉系统,根据实时数据进行调整。这提高了系统的响应速度和效率,减少了人工干预的需求。例如,在一个农业灌溉系统中,工程师可以通过远程控制系统根据土壤湿度和气象条件自动调整灌溉时间和水量,提高农田的水资源利用效率。

1.水闸远程控制系统

在一个河流管理项目中,工程师使用信息化系统来实现水闸的远程控制。这个河流经过多个城市,需要根据不同城市的需求来调整水流。传感器在各个城市的水闸上安装,实时监测水位和流量。

通过中央控制中心,工程师可以远程访问这些传感器数据,并根据不同城市的水资源需求来控制水闸的开关。例如,当下游城市需要增加水流时,工程师可以远程打开上游水闸,确保足够的水资源供应。这种远程控制系统提高了水流管理的效率,同时减少了人工操作的风险。

2.智能灌溉系统

在一片大规模的农田中,可实施智能灌溉系统。这个系统依赖于传感器网络,监测土壤湿度、气温和降水量。基于这些数据,系统可以自动调整灌溉计划。

例如,传感器检测到土壤湿度下降,系统会自动打开灌溉系统,为农作物提供所需的水分。相反,如果降水量足够,系统可以自动停止灌溉,以避免浪费水资源。农民可以通过手机应用程序监控和调整灌溉系统,但系统也能够在没有人工干预的情况下运行。这提高了农田的水资源利用效率,同时降低了能源和劳动力成本。

第三节 数字孪生水利技术及其应用

一、数字孪生技术简介

数字孪生技术是一种将物理实体或过程的数字化模型与实际实体或过程进行同步和实时互动的技术。在水利工程中,数字孪生技术以模拟和仿真的方式将水文水资源过程数字化,以实现对水利工程更好的管理、监测和预测。

数字孪生,顾名思义,需要一个物理孪生体来进行数据采集和上下文驱动交互。数字孪生系统中的虚拟系统模型随着物理系统状态的变化(在运行过程中)而发生实时变化。数字孪生由连接的产品(通常使用物联网)和数字线程组成。数字线程提供整个系统生命周期的连接性,并从物理孪生体收集数据,以更新数字孪生体中的模型。数字孪生成为一个物理系统的精确和最新的表示。重要的是,与物理孪生的关系即使在物理孪生体出售后,仍可以继续存在,从而能够随着时间的推移,跟踪每个物理孪生体的性能和维护历史,检测和报告异常行为,并推荐/计划强度。

将数字孪生与物联网联系起来,可以获得所需的数据,以了解物理孪生(例如,制造装配线、自动车辆网络)在浏览器(Opera)环境中的行为和表现。此外,物联网和数字孪生的结合可以加强对物理系统和操作过程的预防性维护和分析/人工智能(AI, Artificial Intelligence)的优化。物联网作为物理世界和虚拟世界之间的桥梁,可以将性能、维护和健康数据从物理孪生交付给数字孪生。将来自现实世界数据的洞察力与预测建模相结合,可以提高做出知情决策的能力,从而创建有效的系统、优化生产操作和新的业务模型。多源/多传感器信息(例如,外部温度、水分含量、当前批次的生产状态)可与传统传感器(如数据采集与监视控制系统 SCADA, Supervisory Control And Data Acqusition)提供的信息一起传递给数字孪生者,以便于建立预测模型。

重要的是,数字孪生和物联网的结合,使组织能够深入了解客户如何使用系统/产品。这种洞察力可以使客户优化维护计划和资源利用率,主动预测潜在的产品故障,并避免/减少系统停机时间。最终,基于系统运行和维护历史,数字孪生是改善系统维护的关键因素。通过将物联网与多个数字孪生相结合,可以进一步扩大物联网的效益,每个数字孪生都是从一个监控维护计划和周期的中心位置监控的。在这种情况下,数据所有权变得有些复杂,特别是在租用设备时。

在决定将数字孪生集成到基于模型的系统工程(MBSE, Model-Based Systems Engineering)和系统工程过程中时,成本总是一个重要的考虑因素。明确界定的范围和目的是估计实现数字孪生的成本的先决条件。虽然数字孪生需要更多的前期投资,但将数字孪生纳入预期将在系统生命周期中获得显著的投资回报。根据生成虚拟系统表示所需的复杂程度、时间和精力,成本可能会有所不同。然而,在当今世界,大多数组织都在追求虚拟系统模型的创建,因为它们在减少验证和测试持续时间与成本方面具有一定的价值。数字孪生技术是这一进程中合乎逻辑的下一步。数字孪生技术的成本取决于系统中组件的数量、组件之间的接口和可靠性、实现特定功能所采用的算法的复杂性,以及构建数字孪生系统所需的知识和技巧。重要的是,使用数字孪生技术可以进一步降低成本。

当物理系统可以开始向虚拟系统模型提供数据以创建反映物理系统的结构、性能、维护和运行健康特性的模型实例时,创建数字孪生体。如果对数字孪生的行为进行分析,可以说,物理系统是"符合目的的",并且可以对各种紧急情况进行适当的调整。例如,软件密集型系统,不只是机械和电子子系统的组合。这是数字孪生技术和物联网可以发挥重要作用的地方。如数字孪生技术使用从水利工程上连接的传感器收集到的数据来进行虚拟测试。此外,有了物联网提供的数据(如温度、湿度),就有可能在数字孪生中反映系统性能和健康状况,并利用这些信息对物理孪生进行预测。拥有这样的数据和知识,数字孪生可以"讲述"其物理孪生生命周期的故事(事件、经历、历史)。

在纳入操作、维护和健康数据之后,向用户提供决策支持和警报,可以采用一种(如果是分析的模式)向物理系统的操作者或用户提供量身定做的决策支持信息和警报。

二、数字孪生技术在水利工程中的作用与优势

数字孪生技术是将物理水利系统与数字模型同步连接的先进技术,它在水利工程中发挥了关键作用,为水资源管理和工程决策提供了深入的观测和了解。以下是数字孪生技术在水利工程中的主要作用和优势。

(一)实时监测与控制

数字孪生水利技术的最显著作用是实时监测与控制。在传统水利工程中,数据采集和监测通常需要人工干预和周期性地采样,导致数据获取的滞后性和不准确性。然而,数字孪生技术通过传感器网络和自动化数据采集系统,可以实现水位、水流、水质等关键参数的高频实时监测。这使得工程师和决策者能够及时了解水资源状态,尤其是在面临洪水、干旱等紧急情况时,能够迅速采取措施,最大程度地减少损失。

1.实时数据获取与准确性

数字孪生技术通过部署的传感器网络,实现了对水资源参数的高频、实时监测,包括但不限于水位、水流速、水质指标、降水情况等。这一实时数据获取能力远远超越了传统手动采样或周期性测量的能力,确保了数据的时效性和准确性。工程师和决策者可以根据这些实时数据迅速做出反应,制定决策,采取措施,以应对突发事件,如暴雨引发的洪水或干旱期间的水资源紧缺。

2.紧急情况响应

在面对紧急情况时,如自然灾害或突发事件,实时监测与控制的能力至关重要。数字孪生技术允许工程师迅速获取有关水资源的实时信息,帮助他们更好地了解情况并采取紧急措施。例如,在洪水事件中,通过数字孪生系统实时监测河流水位和雨量数据,可以提前预警并调整水库泄洪流量,以减轻洪水的影响。在干旱情况下,实时监测水位和水质可以帮助决策者合理分配水资源,保障供水。

3.智能化决策支持

数字孪生技术不仅提供实时监测数据,还结合了先进的数据分析和决策支持系统。工程师可以利用数字孪生技术的模拟功能,预测不同决策方案对水资源的影响,从而进行智能化决策。这有助于优化水利工程的运行和管理,确保水资源的高效利用。例如,在灌溉系统中,数字孪生技术可以根据土壤湿度、降水预测和作物需水量等数据,智能调整灌溉时间和水量,以提高农田的产量和水资源的利用率。

(二)风险评估与管理

数字孪生技术在水资源管理中的另一个重要作用是风险评估与管理。通过模拟不同气象和水文情景,数字孪生技术可以帮助决策者更准确地评估水资源管理策略的潜在风险。例如,在干旱情景下,数字孪生技术可以预测水库水位下降的速度,帮助决策者制定相应的应对策略,如减少灌溉用水或调整供水计划。此外,数字孪生技术还可以用于模拟洪水事件,预测洪水可能影响的范围和深度。这有助于制订紧急疏散计划和减少洪水造成的损失。通过数字孪生技术的风险评估,可以更科学地制定决策,降低灾害风险。

1.高精度风险评估

数字孪生技术通过模拟不同气象和水文情景,可以提供更高精度的风险评估。传统

的风险评估方法可能仅基于历史数据,无法考虑未来可能发生的不同情况。然而,数字孪生可以模拟各种可能的水资源管理策略,并预测它们对水资源系统的影响。这使得决策者能够更全面地了解潜在的风险和不确定性,制定更具针对性的风险管理策略。

2.灾害风险减轻

数字孪生技术在灾害风险减轻方面发挥了关键作用。通过模拟洪水、干旱、风暴潮等自然灾害事件,数字孪生技术可以帮助决策者识别潜在的灾害风险区域和脆弱性,提前采取措施来减轻灾害的影响。例如,通过模拟洪水事件,数字孪生技术可以预测洪水的可能深度和影响范围,以制订更有效的疏散计划和防洪策略。这有助于保护人民生命和财产安全,减少自然灾害造成的破坏。

3.可持续管理

数字孪生技术还有助于实现水资源的可持续管理。通过模拟不同管理策略的长期效果,数字孪生技术可以帮助决策者制定可持续性发展战略。例如,它可以用于评估不同的水资源分配方案对生态系统的影响,从而确保水资源的可持续利用,维护生态平衡。数字孪生技术还可以帮助决策者更好地应对气候变化带来的不确定性,制定适应性策略,减少气候相关风险。

(三)资源优化

数字孪生技术为水资源的优化管理提供了有力工具。通过建立水资源数字模型,可以模拟不同的资源配置和使用情景,以便使水资源的利用效率最大化。例如,在农业灌溉中,数字孪生技术可以预测不同灌溉策略对作物产量的影响,帮助农民选择最经济和可持续的灌溉方案。数字孪生技术还可以用于优化水库调度,确保在满足用水需求的同时,最大程度地减少洪水风险。这种资源优化的方法有助于水利工程在有限的水资源条件下更好地平衡供需,提高了资源的可持续性。

1.精确的资源配置

数字孪生技术通过建立水资源的数字模型,允许工程师和决策者模拟不同的资源配置和使用情景。这种模拟可以基于多种因素,如气象数据、水文数据、用水需求等,来确定最佳的资源配置方案。例如,在农业灌溉中,数字孪生技术可以考虑土壤湿度、降水量、作物类型等因素,以预测不同灌溉策略对作物产量的影响。决策者可以根据这些模拟结果制订最经济和可持续的灌溉计划,最大程度地减少资源的浪费。

2.水资源供需平衡

在水资源有限的情况下,资源优化至关重要。数字孪生技术可以帮助实现水资源的供需平衡。通过模拟不同的供水和需水情景,可以确定最佳的资源分配方案,以满足各个部门和行业的需求。这种供需平衡不仅涉及农业和工业用水,还包括生态系统的需水。数字孪生可以优化水库调度,确保在满足各种需求的同时,最大程度地减少洪水风险,提高水资源的有效利用率。

(四)长期规划

数字孪生技术在水资源长期规划中发挥了关键作用。通过模拟多年的水文数据和气象情景,数字孪生技术可以帮助决策者更好地了解水资源的长期趋势。这包括气候变化对水资源的影响评估,帮助规划更加适应未来气候条件的水利工程。此外,长期规划还涉及水资源的可持续管理,数字孪生技术可以支持决策者制定长远的管理策略,确保水资源的可持续供应。

1.长期趋势的模拟和预测

数字孪生技术可以利用历史水文和气象数据及气候模型,模拟未来数十年的水资源情景,使决策者能够更好地了解水资源的长期趋势,包括降水量、温度、蒸发率等因素的变化。对于地区性的气候变化,数字孪生技术可以模拟不同的情景,帮助决策者评估未来可能的水资源供需差距。这种长期趋势的模拟有助于决策者制定具有远见卓识的决策,使水资源能够适应未来的挑战。

2.可持续管理策略

长期规划还涉及如何实现水资源的可持续管理。数字孪生技术可以支持决策者制定长远的管理策略,以确保水资源的可持续供应。例如,数字孪生技术可以模拟不同的水资源管理策略,包括灌溉、供水、水库调度等,以确定哪种策略最有利于实现可持续的水资源利用。这包括考虑未来的气候变化和需求增加。

3.气候变化适应

数字孪生技术有助于水资源管理者更好地适应气候变化。通过模拟不同的气象和水文情景,可以评估水资源系统的脆弱性,并制定相应的适应性措施。具体包括调整水库操作策略、改进供水系统、提高用水效率等。数字孪生技术还可以模拟不同的气候情景,以确定未来的气候条件下水资源管理的最佳实践,从而减轻气候变化对水资源的负面影响。

(五)故障模拟与维护

数字孪生技术不仅在水资源管理中发挥作用,在水利工程的故障模拟和维护方面也具有重要优势。数字孪生技术可以用于模拟水利工程设施的潜在故障情况,包括设备损坏、管道泄漏、水库溢流等。通过在数字孪生模型中模拟这些故障情况,工程师可以预测可能出现的问题,提前制订应急维护计划。此外,数字孪生技术还可以用于优化维护计划。通过模拟不同维护策略对设施性能的影响,可以选择最经济和有效的维护方案,降低维护成本。数字孪生技术还能提供实时设备健康监测,通过传感器和数据分析,工程师可以随时了解设备的状态,及时发现问题并采取措施,减少停工时间和损失。

1.潜在故障模拟

数字孪生技术允许工程师模拟水利工程设施可能出现的各种故障情况。包括设备损坏、管道泄漏、水库溢流等。通过在数字模型中模拟这些潜在故障,可以预测可能出现的问题,提前做好准备,这对设备和工程的可靠性至关重要,尤其是在面临极端天气事件或自然灾害时,能够更好地预测可能的设备故障。

2.应急维护计划

在数字孪生技术的基础上,工程师可以制订应急维护计划。一旦数字孪生技术模型检测到潜在故障或异常情况,系统可以自动触发警报,并向相关人员发送通知。这使得维护团队能够迅速响应,采取适当的措施,减少停工时间和损失。例如,在水库溢流的情况下,数字孪生技术可以自动发出警报,启动泄洪程序,以减少洪水风险。

3.维护计划优化

数字孪生技术还可以用于维护计划的优化。通过模拟不同维护策略对设施性能的影响,工程师可以选择最经济和有效的维护方案。包括计划维护的时间、频率和方式。通过优化维护计划,可以降低维护成本,同时确保设施的可靠性和持续性。

三、案例分析:数字孪生技术在水利工程中的实际应用

(一)数字孪生技术在水电站管理中的应用

数字孪生技术在水电站管理中的应用具有巨大潜力,可以提高水电站的效率、可靠性和可持续性。以下是数字孪生技术在水电站管理中的案例应用。

1.案例背景

某国位于山区,拥有多个水电站,其中包括一座大型水电站,它是满足国内电力需求的重要组成部分。然而,该地区面临气候变化引发的降水不均和干旱等水资源管理挑战。水电站管理团队需要确保水电站的稳定运行,以满足电力需求,并应对不断变化的水资源情况。

2.数字孪生技术应用

管理团队决定引入数字孪生技术,以更好地监测和管理水电站的运行。以下是数字孪生技术在水电站管理中的具体应用。

1)实时水位监测

数字孪生技术系统通过传感器网络实时监测水电站附近河流的水位。这些数据与气象数据相结合,用于预测未来数天的降水情况和水位变化。

2)电力生成模拟

数字孪生技术模型模拟水电站的电力生成过程。模型基于实时水位数据、水流速度及水轮机性能等参数,计算出水电站的电力生成效率。这有助于确定最佳的发电策略。

3)干旱情景模拟

数字孪生技术系统可以模拟干旱情景,包括长期干旱事件和突发性干旱事件。通过分析这些情景,管理团队可以制定应对策略,如调整电力生成计划或启动备用电源。

4)维护计划优化

数字孪生技术还用于优化水电站的维护计划。模型可以模拟设备的寿命和性能,根据实际使用情况制订维护计划,以减少计划外的停机时间。

5)人员培训和紧急响应

数字孪生技术系统还可用于培训水电站操作人员。通过虚拟仿真,操作人员可以学习如何应对各种情况,包括洪水、设备故障等紧急情况。

3.案例结果

引入数字孪生技术后,水电站管理团队取得了以下成果:

(1)提高了水电站的电力生产效率,减少了电力生产的损失。

(2)更好地应对气候变化带来的挑战,包括干旱和洪水。

(3)降低了维护成本,减少了计划外停机时间。

(4)提高了操作人员的应急响应能力,确保了水电站的安全运行。

这个案例表明数字孪生技术在水电站管理中的潜力,可以有效应对复杂的水资源管理和电力生产挑战。这种技术的引入不仅提高了水电站的运行效率,还增强了其可持续

性和适应能力。

(二)数字孪生技术在洪水预警系统中的应用

数字孪生技术在洪水预警系统中的应用是一项关键性工作,可以帮助社区和政府更好地应对洪水事件。以下是数字孪生技术在洪水预警系统中的案例应用。

1.案例背景

某地区经常受到季节性暴雨和洪水的威胁,这对当地居民和经济造成了巨大影响。政府决定引入数字孪生技术来改进洪水预警和管理系统,以提前预测洪水风险并采取相应措施来减轻洪水造成的影响。

2.数字孪生技术应用

管理团队采用数字孪生技术来改善洪水预警系统,以下是数字孪生技术在该系统中的具体应用。

1)降雨情景模拟

数字孪生系统利用气象数据和地理信息数据,模拟不同降水情景下的洪水形成过程,包括不同降水量、降水分布和降水持续时间的模拟。

2)水流模拟

基于地理信息系统数据和数字地形模型,数字孪生系统模拟了洪水时水体在地理空间中的扩散情况。这有助于确定洪水可能到达的区域和深度。

3)疏散计划制订

数字孪生技术用于优化疏散计划。它可以预测洪水到达不同区域的时间,帮助决策者确定何时疏散居民及最佳疏散路线。

4)资源调配

数字孪生系统还可用于优化应急资源的调配。基于洪水模拟结果,它可以确定哪些地区可能受到最严重的影响,以确保紧急救援和资源供应的及时性。

5)公众警报

案例中的数字孪生系统还可以自动触发公众警报系统。当洪水风险升高时,系统将向居民发送紧急警报和建议措施的信息,以提醒他们采取安全措施。

3.案例结果

引入数字孪生技术后,洪水预警系统取得了以下成果:

(1)提前预测洪水,使政府和居民有更多的时间采取应对措施。

(2)降低了洪水造成的人员伤亡和财产损失。

(3)改进了疏散计划,使疏散过程更有序和高效。

(4)提高了公众对洪水风险的认识和准备程度。

这个案例突出了数字孪生技术在提高洪水预警系统效率和准确性方面的关键作用。通过数字孪生技术的模拟和分析,政府和社区可以更好地保护居民和财产免受洪水威胁。

(三)数字孪生技术在水资源规划中的应用

数字孪生技术还可用于水资源的长期规划。通过模拟气候变化、降水分布和地下水位,决策者可以更好地了解未来的水资源供需情况,以制定可持续的水资源管理策略。

1.案例背景

某地区位于干旱气候区域,水资源供需紧张。政府和水资源管理部门面临着制定可持续水资源管理策略的挑战。为了更好地了解未来的水资源情况,他们决定引入数字孪生技术来进行水资源规划。

2.数字孪生技术应用

管理团队采用数字孪生技术,以下是数字孪生技术在水资源规划中的具体应用。

1)气候变化模拟

数字孪生系统基于历史气象数据和气象模型,模拟了未来数十年内可能的气候变化情况。这包括温度升高、降雨模式变化等因素。

2)降水和径流分析

通过数字孪生技术,可以模拟不同气候情景下的降水分布和径流情况。这有助于了解未来降水对地表和地下水资源的影响。

3)地下水位模拟

数字孪生系统使用地下水模型来模拟地下水位的变化。这对地下水资源的管理至关重要,尤其是在干旱情况下。

4)水资源供需平衡

基于模拟结果,数字孪生系统可以帮助政府和决策者评估未来水资源供需的平衡情况。这包括城市供水、农业灌溉和工业用水等各个领域的需求。

5)可持续管理策略

数字孪生技术还可以用于制定可持续的水资源管理策略。通过模拟不同管理方案,决策者可以找到最佳平衡点,以确保水资源的可持续供应。

3.案例结果

引入数字孪生技术后,水资源规划取得了以下成果:

(1)更准确的未来水资源供需预测使政府能够及早采取行动。

(2)提高了水资源管理的科学性和可持续性,有助于应对气候变化带来的挑战。

(3)优化了水资源配置,确保各个领域的需求得到满足。

(4)改善了地下水资源的管理,降低了地下水位下降的风险。

这个案例突出了数字孪生技术在水资源规划中的关键作用。通过数字孪生的模拟和分析,政府和水资源管理部门可以更好地制定策略,确保水资源的可持续供应,特别是在干旱和气候变化不确定性的情况下。这有助于保障当地社区的水资源安全和可持续发展。

(四)数字孪生技术在污水处理厂优化中的应用

污水处理厂可以利用数字孪生技术来实时监测水质和提高处理效率。这有助于提高废水处理的效率,减少对环境的影响。

1.案例背景

一座大城市的污水处理厂面临着日益增加的污水处理需求,同时要求更高的处理效率和水质标准。为了满足这些挑战,污水处理厂管理团队决定引入数字孪生技术,以实现污水处理的优化。

2.数字孪生技术应用

在数字孪生技术的支持下,污水处理厂进行了一系列优化和改进。

1)实时水质监测

污水处理厂安装了水质传感器,将实时水质数据传输到数字孪生系统。这使得污水处理厂能够在污水处理过程中不断监测水质,及时检测异常情况。

2)处理过程模拟

基于数字孪生技术,污水处理厂建立了一个数字模型,模拟了处理过程的各个环节,包括沉淀池、生物处理等。这使管理团队能够深入了解处理效率和水质变化。

3)异常检测和预测

数字孪生系统配备了高级数据分析工具,可以检测到处理过程中的异常情况。如果出现问题,系统可以提前预测,通知操作人员采取措施。

4)优化控制策略

数字孪生技术帮助污水处理厂优化了控制策略。通过模拟不同的控制参数,系统可以找到最佳的处理条件,以提高处理效率。

5)资源利用优化

污水处理厂可以利用数字孪生技术来优化资源利用,例如气体收集和能源回收。这有助于降低运营成本。

3.案例结果

引入数字孪生技术后,污水处理厂取得了以下成果:

(1)大大提高了污水处理的效率和水质标准,满足了城市不断增长的污水处理需求。

(2)减少了操作错误和处理过程中的异常情况,降低了环境风险。

(3)降低了运营成本,通过资源回收和能源利用实现了经济效益。

(4)为未来的扩展和改进提供了数据支持和决策依据。

这个案例突出了数字孪生技术在污水处理厂优化中的关键作用。通过实时监测、模拟分析和优化控制,污水处理厂可以更有效地处理废水,减少对环境的影响,同时节约资源和降低运营成本。这有助于提供更洁净的水资源,促进城市可持续发展。

数字孪生技术在水利工程中具有广泛的应用前景,它不仅提高了工程管理的效率,还有助于更好地应对水资源管理中的各种挑战。通过数字孪生,水利工程可以更加智能、可持续地发展。

第七章　水利工程风险与应急管理

第一节　水利工程风险管理的重要性

一、水利工程风险管理的概述

(一)风险含义

风险在水利工程中被定义为不确定性事件的可能性,这些事件可能会对工程的目标、进度、质量、成本,以及人员和环境安全造成不利影响。风险通常分为两类:内部风险和外部风险。

1.内部风险

内部风险通常指与工程内部因素相关的风险,这些因素在工程管理的控制范围之内。内部风险的示例包括施工进度延误、预算超支、设备故障、人员培训不足等。这些风险通常可以通过适当的管理和控制来减轻或避免。

1)内部风险的类型

a.施工进度延误。

施工进度延误是由于不可预测的事件(如天气恶劣)、施工计划不合理或资源不足等因素引起的。这会导致工程项目的时间线被打乱,可能需要支付额外的费用,并可能对工程的后续阶段产生连锁反应性的延误。

b.预算超支。

预算超支通常是由成本估算不准确、资金管理不善或者项目范围的不断扩大导致的。如果不及时控制,会导致项目超出预算,影响项目的可行性和可持续性。

c.设备故障。

设备故障会导致生产中断、维修费用增加及项目进度延误。这种风险源于设备老化、缺乏定期维护或不当使用。

d.人员培训不足。

缺乏足够熟练的工作人员会导致操作错误、工程质量下降和安全问题。不足的培训源于人员招聘困难、培训计划不完善或工作任务的复杂性。

2)内部风险的原因

a.不完善的规划和监管。

不完善的工程规划和监管导致项目进度和预算不受控制。如果项目计划不合理或者缺乏足够的监督,施工进度延误和预算超支的风险会增加。

b.不适当的资源分配。

资源分配不足或不合理导致施工进度延误和预算超支。在项目开始前,需要充分评估所需的人力、物力和财力,并进行合理的分配。

c.设备维护不善。

缺乏定期的设备维护和保养导致设备故障。这是维护计划不足、预防性维护不充分或维修团队不合格引起的。

d.不足的培训和技能。

不足的培训和技能水平源于人员招聘困难、培训计划不完善或者员工流动性高。没有足够熟练的员工可能会导致操作失误和工程质量问题。

2.外部风险

外部风险是指与工程外部因素相关的风险,这些因素通常超出了工程管理的直接控制范围。外部风险包括自然灾害(如洪水、地震、干旱)、供应链中断、法律法规变化等。外部风险通常需要通过风险管理措施来准备和应对。

1)外部风险的类型

a.自然灾害。

自然灾害包括洪水、地震、干旱、风暴等,这些事件通常超出了人们的控制范围。自然灾害可能导致工程设施损坏、工程进度延误,甚至对工程的可行性和安全性产生重大威胁。

b.供应链中断。

供应链中断可能是由于原材料供应问题、运输问题或供应商破产等因素引起的。这可能导致施工中断、成本上升和项目延误。

c.法律法规变化。

法律法规的变化可能会对工程项目产生深远影响。这包括环保法规的改变、土地使用政策的变化和安全标准的提高,需要工程重新规划和调整预算。

2)外部风险的原因

a.自然灾害。

自然灾害的原因通常是地理位置和气象条件,如地震多发区、洪水易发区等。这些因素通常无法预测或控制。

b.法律法规变化。

法律法规变化通常是政府部门为了安全、环保或其他公共利益而制定的政策变化。这些变化是社会发展的一部分,但它们可能会给工程项目带来不确定性。

(二)水利工程风险特征

水利工程风险具有多个特征,这些特征决定了风险管理在水利工程中的复杂性和重要性。以下是水利工程风险的主要特征。

1.不确定性

水利工程风险通常伴随着不确定性,即人们无法准确预测风险事件是否会发生、何时发生及其具体影响程度。这种不确定性与自然因素、人为因素和技术因素等多种因素相关。例如,洪水的发生时间和规模难以精确预测,政策法规的变化也具有不确定性。

1)多源性

水利工程的不确定性来源多样,包括自然因素、人为因素和技术因素。自然因素如气象、水文和地质条件的变化都会对工程产生影响,而政策法规、市场条件、人员技能等人为因素也可能带来不确定性。技术因素如工程设计和材料性能方面的变化也是不确定性的来源。因此,水利工程的不确定性是多源性的,需要综合考虑各种因素。

2)非确定性和随机性

不确定性可以分为非确定性和随机性两种类型。非确定性是指人们无法确定事件的具体发生概率或结果,而随机性是指事件的发生具有一定的概率分布。在水利工程中,有些不确定性是可以量化的,如气象数据的统计分析,而有些则是主观性较强的,如政策法规的变化。这种不确定性的混合使得风险分析更加复杂。

3)动态性

水利工程的不确定性通常是动态的,随着工程的进展和时间的推移而变化。例如,气象条件和水文条件可能会随季节和年份而变化,政策法规也可能在工程周期内发生变化。因此,风险管理需要不断更新和重新评估,以适应不确定性的变化。

2.多样性

水利工程面临各种类型的风险,包括但不限于自然风险(如洪水、干旱、地震)、技术风险(如工程设计和施工风险)、环境风险(如水质污染)及市场和经济风险(如资金不足或市场需求波动)。这些多样性的风险需要不同的管理方法和策略。

1)自然风险

这类风险涵盖自然灾害,如洪水、干旱、地震和飓风等。自然灾害可能导致工程设施的损坏或破坏,对周边环境和社区造成严重影响。通常需要采取工程措施,如堤防和水库等,以应对不同类型的自然灾害。

2)技术风险

技术风险涉及工程设计和施工问题。包括工程设计错误、施工质量问题、设备故障等。技术风险可能导致工程的延误、成本增加和质量下降。为降低技术风险,需要严格的设计和施工监督,以确保工程按照规划和质量标准进行。

3)环境风险

水利工程可能对周围的环境产生负面影响,如水质污染、土壤侵蚀和生态系统破坏。管理环境风险需要遵守环境法规,采取环境保护措施,并定期监测和评估工程对环境的影响。

4)市场和经济风险

这类风险包括资金不足、市场需求波动、政府政策变化等因素对工程可行性和经济效益的影响。需要进行充分的市场分析和经济评估,以确保工程在财务上可行,并可以应对市场和政策的不确定性。

3.交互性

水利工程中的不同风险通常不是孤立存在的,它们之间可能存在相互作用和关联。解决一种风险可能会对其他风险产生影响,而忽视一种风险可能会加剧其他风险的影响。例如,降水不足可能导致旱灾,进而影响水资源供应和灌溉系统的可用性。

1)水资源管理与气候变化的交互性

水资源管理风险和气候变化之间存在紧密的关联。气候变化导致降水分布和水文循环模式的改变,从而对水资源供应产生影响。在水利工程中,必须考虑气候变化对水资源可用性的影响,以制定适当的管理策略,例如更新水资源分配计划或提高水资源储备能力。

2)自然灾害与基础设施脆弱性的交互性

不同类型的自然灾害,如洪水、地震和飓风,可能对水利工程基础设施产生不同程度的影响。例如,地震可能导致坝体破坏,而洪水可能引发水库泄洪风险。因此,必须综合考虑不同自然灾害的风险,评估基础设施的脆弱性,并采取适当的防护措施。

3)市场和经济风险与资金供应的交互性

市场和经济风险,如通货膨胀、利率波动和市场需求不稳定,可能对项目的资金供应和成本产生影响。资金供应不足可导致项目延误或停滞,从而增加了项目的市场和经济风险。因此,必须综合考虑市场和经济风险与资金供应之间的关系,以确保项目的可行性和可持续性。

4.动态性

水利工程风险是动态的,它们随着时间和项目进展而演变。新的信息、技术和外部因素可能会对风险产生影响,因此风险管理必须是一个持续的过程,需要不断更新和重新评估。

1)时间因素的影响

风险在项目的不同阶段可能会发生变化。例如,在规划和设计阶段,风险主要涉及技术和环境因素,而在施工和运营阶段,可能涉及设备老化和维护风险。因此,项目团队需要在不同阶段不断重新评估风险,采取相应的管理策略。

2)新信息和技术的影响

随着科学和技术的不断进步,可能会出现新的信息和技术,这些信息和技术会影响风险评估和管理。例如,新的气象预测技术会改善对自然灾害的预测能力,从而影响洪水风险管理。

3)外部因素的变化

外部因素如市场条件、政策法规和社会因素等发生变化,对项目风险产生影响。政府政策的调整或市场需求的波动都可能改变项目的市场和经济风险。

4)数据的更新

风险评估通常依赖于数据和信息。这些数据需要定期更新,以反映项目和环境的实际情况。例如,水文数据、地质勘查数据和人口统计数据需要保持最新,以确保风险评估的准确性。

二、水利工程风险管理的作用

(一)降低风险

风险管理在水利工程中具有重要的降低风险的作用,这一过程涵盖多个关键步骤,有助于降低风险事件的概率和影响程度。

1.风险识别

风险管理的第一步是识别潜在的风险因素,即风险识别。可以通过开展系统性的风险评估来实现,涵盖技术、环境、市场、政治等多个方面的风险。例如,在水利工程中,可能面临的风险包括施工期间的地质灾害、自然灾害,如洪水和干旱、政策法规变化等。

2.风险评估

针对已经识别的风险,进行定性和定量的评估,以明确它们的概率和潜在的影响程度,即风险评估。这一步骤有助于确定哪些风险最为严重,需要重点关注。例如,通过定量分析,可以确定洪水发生的概率和可能引发的损失,以便制定相应的控制策略。

3.风险控制

针对高风险问题,会采取一系列措施来减轻其发生的可能性和影响,即风险控制。包括制订详细的应急计划,以应对可能发生的风险事件。在水利工程中,对于可能的洪水风险,可以建立早期预警系统,以及采用防洪工程措施,如堤防建设,来减轻洪水可能带来的影响。

4.风险监测和反馈

风险管理是一个持续的过程,需要定期监测和评估风险情况,即风险监测和反馈。这有助于及时调整风险控制策略,以适应项目和外部环境的变化。例如,水利工程项目在施工期间遇到了不可预测的地质问题,项目团队可以通过及时监测和评估,调整工程计划和采取必要的措施来降低风险。

风险管理在水利工程中的应用有助于确保项目能够按照计划进行,最大程度地降低对项目进展和成本的可能不利影响。通过及时的风险识别、评估和控制,可以提高项目的成功概率,减轻潜在的负面风险。

(二)保障项目成功

风险管理在水利工程项目中具有至关重要的作用,它有助于保障项目的成功,确保项目能够按照计划完成,提高客户满意度,以及控制预算。

1.项目按计划完成

风险管理有助于提前识别潜在问题和挑战,并采取必要的措施来应对这些问题和挑战。通过在项目初期对风险因素进行分析和评估,项目团队能够制订更为全面和可靠的项目计划。这确保项目能够按计划完成,避免因未预测的问题而导致的工程延误。

2.控制预算

风险管理还有助于控制项目的预算。通过识别潜在的成本风险,项目团队可以建立适当的预算,并为可能出现的额外费用做好准备。这有助于防止项目超支,确保项目在预算范围内进行,避免不必要的财务损失。

3.提高客户满意度

成功的项目交付不仅对项目方有利,还提高了客户满意度。风险管理确保项目达到或超越客户的期望。通过识别并减轻潜在的风险,项目能够更好地满足客户的需求,提供高质量的成果,建立可信赖的声誉。这有助于维护长期客户关系,为未来的项目合作奠定了基础。

风险管理在水利工程项目中的应用不仅有助于项目的成功完成,还有助于保障客户满意度和进行财务控制。它是项目管理过程中不可或缺的一部分,为项目的可持续发展和成功提供了坚实的基础。

(三)保护人员和环境安全

风险管理在水利工程项目中起着至关重要的作用,特别是在保护人员和环境安全方面。

1.人员安全

1)风险识别和控制

风险管理过程涉及对潜在的危险和风险进行全面的识别和评估,包括对施工现场、设备、工作流程及材料的安全性进行检查。通过这种方式,可以提前发现可能导致的事故和伤害的因素。

2)制定安全标准和程序

风险管理有助于建立和实施严格的安全标准和程序,包括制定安全操作规程、提供培训、检测施工现场的安全性及使用个人防护装备。这些措施有助于提高施工人员和相关工作人员的安全水平。

3)制订应急响应计划

风险管理还涉及制订应急响应计划,以处理可能发生的事故或紧急情况。这些计划包括紧急疏散程序、伤员救护和事故报告等,确保在紧急情况下能够迅速采取行动,最大程度地减少潜在的伤害。

2.环境保护

1)环境影响评估

风险管理过程包括对项目和周围环境的潜在影响进行评估。评估内容包括可能对生态系统、水资源和大气质量等造成不利影响的因素。

2)环境管理计划

基于环境影响评估的结果,项目团队制订环境管理计划,以确保项目在执行过程中对环境的不利影响最小化,包括采取措施防止土壤污染、水体污染及生态系统破坏等。

3)应急响应

风险管理还包括制订应急响应计划,以应对可能发生的环境事故。这些计划包括紧急清理、污染控制和恢复措施,以减少环境污染和对生态系统的损害。

水利工程风险管理在降低风险、保障项目成功及保护人员和环境安全方面发挥着关键作用。它是项目管理中不可或缺的一部分,对于项目的可行性、成功和可持续性具有重要意义。通过适当的风险管理,水利工程可以更好地应对不确定性,并减少潜在的不利影响。

三、水利工程风险因素

(一)经济风险因素

水利工程面临多种经济风险因素,这些因素可能对项目的预算和资金流产生不利影响。

1.通货膨胀

通货膨胀是货币贬值导致物价上涨的现象。在水利工程中,特别是长期工程,通货膨胀可能导致项目成本超出最初预算。这种风险可以通过使用通货膨胀调整机制来管理,例如在合同中规定成本指数调整条款。

1）成本超支

通货膨胀导致工程材料、劳动力和设备成本的上涨，这可能导致项目成本超出最初的预算。这对项目的可行性和财务计划造成了风险。

2）资金短缺

通货膨胀还可能导致项目资金短缺，因为最初预算的资金可能不足以覆盖后期的成本。这可能需要额外的融资或资金筹集。

3）合同风险

合同中的价格和支付条件通常是在项目启动时确定的。如果通货膨胀率高于预期，承包商可能会遭受损失，这可能导致合同纠纷和争议。

2.外汇风险

如果水利工程涉及国际交易或与国外合作伙伴有关，汇率波动可能对项目造成不利影响。变动的汇率可能导致成本增加或收入减少。对冲工具如货币期货合约可以用来管理外汇风险。

1）成本增加

如果水利工程涉及国际交易或需要进口设备和材料，汇率的波动可能导致项目成本增加。如果本地货币贬值，将需要支付更多的本地货币来购买外汇，以支付进口成本。

2）收入减少

对于出口型水利工程项目，汇率波动可能导致合同价值减少，因为外国客户需要支付更多的本地货币来购买外汇。这可能会影响项目的盈利能力。

3）不确定性

汇率波动引入了不确定性，使得项目预测和规划变得更加困难。这可能导致项目资金计划的不准确性和不稳定性。

3.延迟付款

延迟付款可能会导致项目资金短缺，从而影响施工进度。这种风险可以通过确保合同中有明确的支付条款和违约责任来管理。此外，建立紧密的合作关系以减少付款延迟的可能性也很重要。

1）项目资金紧张

如果项目的收入流失受到延迟付款的影响，可能会导致项目的资金短缺。这会影响工程的正常运行，例如无法按时购买所需的设备和材料，导致施工延误。

2）成本增加

延迟付款可能会导致项目成本增加。由于项目需要持续运营和维护，而收入受到延迟的影响，可能需要额外的成本来维持工程的正常运行。

3）信誉风险

延迟付款可能会损害项目的信誉。如果项目公司无法按时履行合同义务，可能会失去未来的商业机会或遭受法律诉讼。

4）影响供应链

延迟付款可能会影响供应链的稳定性。供应商可能会担心项目公司的支付问题，从而减少对项目的支持或提高价格。

4.外包

在水利工程中,外包是常见的实践,但它也伴随着一定的风险,如承包商倒闭或无法按时交付。风险管理的策略包括选择可靠的承包商、签订明确的合同及定期监督承包商的绩效。

1)承包商不可靠或倒闭

选择不可靠的承包商可能会导致工程延误、质量问题,甚至工程失败。承包商倒闭会影响工程的完成,尤其是如果缺乏替代计划。

2)质量控制问题

承包商的工作质量可能不如内部团队的质量标准,可能需要额外的监督和质量控制措施来确保工程的质量达到要求。

3)通信和文化差异

如果承包商位于不同的地理位置或文化环境中,可能存在语言障碍、沟通问题和文化差异,会影响项目的顺利进行。

4)合同纠纷

不清晰或不完整的合同会导致合同纠纷,这可能会延误工程,增加成本并损害利益相关者之间的关系。

5)风险转移

虽然外包可以将某些风险转移给承包商,但这并不意味着风险完全消失。监督和管理外包合同仍需一定的资源和时间。

(二)工程技术方面因素

1.自然条件

自然条件如气候、地质、地形等可能对水利工程产生重大影响。例如,严重的降水可能导致洪水,地质问题可能引发地质灾害。这些风险需要在项目设计和实施中得到充分考虑,并采取相应的工程措施来减轻其影响。

1)气候条件

a.降水和洪水。

强降水可能导致河流和水库水位上升,引发洪水,对河流治理和防洪工程造成威胁,可能导致洪水的损失和基础设施破坏。

b.干旱。

气候变化引发的干旱可能导致水资源短缺,对农业、城市供水和工业用水等领域产生负面影响。

2)地质条件

a.地质灾害。

地质条件变化可能导致地质灾害,如山体滑坡、泥石流和地震。这些灾害可能对水利工程的稳定性和安全性造成威胁,损坏工程设施并危及人员安全。

b.地下水位。

地下水位的升降可能影响水源的供应,可能导致地下水位下降和地表下陷。

3）地形条件

a.地形特征。

山脉、丘陵、平原和湖泊等地形特征会影响水流的流动和水库的建设。复杂的地形可能需要更复杂的工程设计。

b.土壤类型。

不同类型的土壤对水资源的过滤和保持能力不同，这可能影响水质和水资源的管理。

2.技术规范

水利工程必须符合一系列技术规范和标准，以确保其安全性和可持续性。不遵守技术规范可能导致工程质量问题和安全隐患。风险管理应包括确保项目符合适用的规范和标准，以及进行必要的质量控制和验收。

1）技术规范的重要性

a.确保工程质量。

技术规范提供了工程设计、建设和维护的标准和指导，有助于确保工程达到预期的质量水平。这包括结构强度、材料质量、施工标准等方面的规范，以确保工程的长期稳定性和安全性。

b.保障人员安全。

技术规范还包括关于工程安全的指南，旨在减少工作人员和公众的风险。这些技术规范包括有关施工安全、防洪工程、水库管理等方面的规定，以确保人员生命安全。

c.促进可持续性。

技术规范通常包括与环境保护和可持续性相关的准则。这些规范有助于使工程对环境的不利影响最小化，推动资源的有效利用，从而实现可持续的水资源管理。

2）不遵守技术规范可能带来的危害

a.安全风险。

不遵守工程安全规范可能导致结构不稳定，增加了事故和灾害的风险概率。例如，水坝不符合技术规范可能在洪水期间溃坝，造成严重的洪水灾害。

b.工程质量问题。

忽略技术规范导致工程发生质量问题，如漏水、渗漏、腐蚀等。这可能影响工程的寿命和性能。

c.法律责任。

不遵守技术规范可能引起法律纠纷。工程项目的责任方可能需要承担损失、罚款或法律诉讼，这对项目的可持续和声誉产生负面影响。

d.环境影响。

忽略环保规范可能对环境产生负面影响，如水体污染、生态系统破坏等。这可能导致法律问题和公众抗议。

3.工程变更

工程变更可能是由于设计修改、客户需求变化或不可预测的情况而引起的。这些变更可能导致成本增加、进度延误和合同争议。风险管理需要包括变更管理流程，以确保变更得到适当管理和控制。

1）工程变更的重要性

a.适应项目需求。

在项目进行过程中,客户需求或项目要求可能会发生变化。工程变更允许项目适应这些变化,确保最终交付的工程满足客户的期望。

b.改进工程设计。

有时,变更可能涉及工程设计的改进,以提高性能、可靠性或可维护性。这有助于确保工程的长期可持续性。

c.应对不可预测的情况。

工程项目可能面临不可预测的情况,如自然灾害、材料供应问题或技术挑战。工程变更允许项目团队在这些情况下采取必要的措施,减轻潜在的风险。

2）不加管理的工程变更可能带来的危害

a.成本增加。

未经控制的工程变更可能导致成本的不可预测性增加。包括额外的材料、劳动力和时间成本,从而影响项目的预算。

b.进度延误。

变更可能需要额外的时间来完成,导致项目进度的延误。对项目的整体时程产生不利影响,特别是对于有时间敏感性的项目。

c.合同争议。

未经妥善管理的变更可能导致合同争议,包括费用和责任方面的分歧。这可能对项目的完成和团队之间的关系产生负面影响。

d.工程质量问题。

变更可能会影响工程的设计和执行,如果不加以适当的管理和控制,可能导致工程质量问题,如结构缺陷或性能不佳。

这些经济和技术方面的风险因素都需要在水利工程项目的早期阶段得到认真评估和管理,以最大程度地降低其对项目的不利影响。

第二节　水利工程灾害与防范管理

一、自然灾害对水利工程的威胁

自然灾害是水利工程面临的重大威胁之一。这些灾害包括但不限于以下内容。

(一)洪水

洪水可能对水库、堤坝和河流管理构成严重威胁。全球气候变化导致洪水频率和强度增加,需要采取更有效的措施来管理洪水风险。

1.洪水的严重性

1）生命和财产威胁

洪水是自然灾害中威胁生命和财产的主要因素之一。在洪水事件中,人们可能面临淹没、溺水等威胁生命安全的情况。此外,洪水可能摧毁房屋、工厂、农田等,导致巨大的经济损失。

2）基础设施破坏

洪水可能对水利工程的基础设施造成严重破坏。水坝、堤坝、水库等工程可能因水位上涨和水流的冲击而遭受损坏，导致设施倒塌或无法正常运行。

3）农业和生态系统影响

洪水对农业和生态系统也造成了广泛影响。洪水会淹没农田，破坏庄稼和农作物，导致农业收成严重减少，从而影响粮食供应。此外，洪水还可能改变水体的化学组成，对水生生态系统产生负面影响，威胁野生动植物的生存。例如，密西西比河洪水导致沿岸湿地的生态系统退化，威胁鸟类和其他野生动物的栖息地。

2.全球气候变化的影响

1）洪水频率增加

全球气候变化导致极端降水事件和暴雨频率的增加，使得洪水事件更加频繁。过去罕见的暴雨现在可能变得更为常见，尤其是在某些地区。这对水利工程提出了更高的要求，需要更强大和灵活的防洪措施来减轻洪水的影响。例如，亚马孙流域的暴雨事件增加导致了河流的泛滥，威胁当地的社区和生态系统。

2）洪水强度增加

气候变化还可能导致洪水的强度增加，包括降水强度和洪水的水位上涨。降水强度的增加意味着相同持续时间内的降水量更多，导致河流迅速涨水并引发洪水。同时，气温上升导致冰雪融化，也会增加河流的水位。这要求水利工程具备更强的抗洪能力，需要加强堤坝和水坝的设计与维护。例如，格陵兰岛冰雪融化导致的海平面上升，使沿海城市更容易受到洪水威胁。

（二）干旱

干旱是一种气象和气候现象，通常被定义为相对于长期气候条件而言，出现异常缺水的情况。这种缺水可以涵盖多个方面，包括土壤湿度、河流流量、水库水位和地下水位等。干旱的严重程度可以在多个时间尺度上变化，从短期的几周或几个月的干旱，到长期的数年甚至几十年的干旱事件。

1.气象干旱

气象干旱是一种常见的干旱类型，通常表现为以下特征，其中降水不足和降水分布不均是最典型的特征。

1）降水不足

气象干旱的最明显特征之一是降水量低于长期气候平均值。这意味着在一定时间段内（可以是几个月或几年），降水总量明显偏低。这种降水不足有以下几个方面的表现。

a.持续干旱。

气象干旱可以持续数月，甚至更长时间，导致降水极为有限或几乎没有降水的情况。

b.长期气候异常。

降水不足表明一段时间内的气候条件与长期气候平均值相比出现了显著的异常。

c.地区性差异。

降水不足通常在特定地区或区域性范围内发生，影响整个地区的生态系统、农业和水资源。

2) 降水分布不均

另一个与气象干旱相关的因素是降水分布的不均匀性。即使总体降水量可能接近长期平均水平,但降水可能在时间和空间上不均匀分布。

a.季节性分布不均。

降水不均可能表现为季节性的差异,即某些季节的降水偏少,而其他季节则可能有较多的降水。

b.地理分布不均。

某些地区可能会遭受较大程度的降水不足,而其他地区则可能相对较小受到影响。这可能导致区域性的气象干旱。

2.农业干旱

农业干旱是指在农业生产过程中,由于长时间的降水不足或水资源不足而导致土壤湿度明显下降,对农作物和畜牧业产生负面影响的气象现象。农业干旱通常表现为以下特征。

1) 土壤湿度不足

农业干旱的最主要特征之一是土壤湿度的明显下降。由于缺乏足够的降水或灌溉水源,土壤中的水分无法满足作物和植被的需求。这可能导致土壤干燥和蓄水能力下降。

2) 影响农业产量

农业干旱对农业产量产生直接负面影响。

a.减产。

由于缺水,农作物的生长受到限制,导致产量显著减少。特别是在关键生长期间的干旱对产量影响更为显著。

b.品质下降。

缺水还可能导致作物的品质下降,例如水果和蔬菜的尺寸减小或品质不佳。

c.畜牧业受损。

农业干旱还可能影响畜牧业,因为饲草和水资源的减少导致牲畜的饮食问题和生产受损。

d.粮食供应问题。

长期的农业干旱导致粮食供应问题,需要进口粮食来满足需求,从而对国家的粮食安全产生影响。

3.水资源干旱

水资源干旱是指一个地区或水域内的水资源供应明显不足,无法满足正常的用水需求的情况。水资源干旱通常表现为以下特征。

1) 河流和水库水位下降

一种常见的水资源干旱迹象是河流和水库水位下降。这可能是长期降水不足、冰川融化或水库管理不善等因素导致的。河流和水库水位下降对城市供水、工业用水和农业灌溉等方面都具有负面影响。

a.城市供水。

河流和水库水位的下降可能导致城市供水系统的供水困难。城市居民可能面临供水中断、用水限制,以及供水质量下降等问题。

b.工业用水。

工业部门通常需要大量的水资源用于生产和制造。水资源干旱可能导致工业生产受到限制,对工业经济产生负面影响。

c.农业灌溉。

农业是水资源的主要使用领域之一。当河流和水库水位下降时,农业灌溉水的供应可能受到限制,对农作物生长和产量产生不利影响。

2)地下水位下降

水资源干旱还可能导致地下水位的下降。地下水是许多地区的重要水资源之一,用于饮用水供应、农业灌溉和工业用水。地下水位下降可能对地下水取水井的产水能力产生负面影响,甚至导致井水枯竭。

a.饮用水供应。

地下水通常用于饮用水供应。当地下水位下降时,供水系统可能需要更深的水井或其他补充水源,以确保饮用水的可用性。

b.农业和灌溉。

许多农田依赖地下水进行灌溉。地下水位下降可能导致灌溉效率降低,需要更多的能源来提取地下水。

c.环境影响。

地下水位下降还可能对生态系统造成不利影响,如湿地干旱和水源湖泊的水位下降。

干旱是一个复杂的多维问题,不仅涉及气象因素,还与水资源管理、农业、生态系统和社会经济有关。在许多地区,干旱监测和应对计划的建立都是至关重要的,可以减轻干旱事件带来的不利影响,包括制定节水措施、提高农业和水资源管理的效率、实施干旱预警等措施,以增强社会的适应能力和减轻损失。

(三)地震

地震对水坝、水库和管道等工程构造物的稳定性和安全性构成威胁。地震监测和抗震设计是降低地震风险的关键。

1.潜在的土壤液化

地震能够引发土壤液化,这是指土壤在受到震动时呈现类似液体的特性,失去了承载能力。当水利工程的基础建立在液化易发地区时,地震可能导致工程的沉陷、倾斜,甚至崩溃。这会对水坝和大型水库构成重大威胁,因为它们承受着巨大的水压。

1)土壤液化的定义

土壤液化是指在地震或其他震动作用下,原本固体的土壤表现出液体的特性,失去了正常的承载能力。这一现象通常发生在高含水量和含有细颗粒的土壤中,这种土壤在地震作用下会产生明显的流动性,就像液体一样,因而失去了对建筑物和基础设施的支撑。

2)土壤液化的危害

土壤液化对水利工程的危害主要表现在以下几个方面。

a.结构损坏。

当土壤液化发生时,工程结构如水坝、堤坝、桥梁等的基础可能会下沉或倾斜,甚至发生崩塌,导致严重的工程损坏。

b.泄漏和洪水。

如果液化发生在水坝或水库附近,可能会导致水坝的破坏,从而引发泄漏洪水和威胁下游地区的人民生命和财产安全。

c.基础设施中断。

液化可能导致管道、道路和电缆等基础设施受损,中断供水、交通和通信等重要服务。

d.环境问题。

土壤液化还可能导致地下水和地表水的混合,对环境产生负面影响,包括水质污染和生态系统的破坏。

2.结构震损和破坏

地震产生的地震波可能导致水利工程中的结构震损和破坏。这包括水坝、堤坝、引水渠和水处理设施等。结构的破坏可能导致泄漏洪水、水源污染和停工,对水资源供应和生态系统产生严重影响。

1)地震引发的结构震损和破坏

地震是一种具有破坏性的自然灾害,对水利工程中的各类结构产生的影响可能是灾难性的。水利工程包括水坝、堤坝、引水渠、水处理设施等,这些结构的破坏可能导致多重问题,包括泄漏洪水、水源污染和停工,以及对水资源供应和生态系统的严重影响。

2)地震引发的结构震损和破坏的特点

a.水坝和堤坝的破坏。

地震引发的震动可能导致水坝和堤坝的结构破坏,包括坝体的裂缝、坍塌或滑动。这可能导致泄漏洪水,威胁下游地区的人民生命和财产安全。

b.引水渠和管道的破坏。

地震震动可能导致引水渠和管道的损坏、破裂或移位。这可能导致供水中断,影响城市和农村的饮用水供应。

c.水处理设施的受损。

水处理设施包括水泵站、净水厂等,它们的受损可能导致供水质量下降或停工,威胁居民的饮水安全。

3.管道泄漏和破裂

地震可能导致管道泄漏和破裂,特别是在地震区域的输水管道。这可能导致饮用水和工业用水供应中断,同时可能对环境产生负面影响。

1)地震引发管道泄漏和破裂的原因

a.地震震动。

地震产生的地震波会导致管道系统受到剧烈的振动,从而增加了管道结构的应力。这可能导致管道材料的疲劳和损伤。

b.土壤液化。

地震可能引发土壤液化,导致管道支撑结构失稳。液化的土壤无法提供足够的支持,导致管道系统下沉或倾斜,从而引发泄漏和破裂。

c.管道老化。

如果管道系统本身存在老化、腐蚀或损坏等问题,地震震动可能会加速这些问题,导致管道系统更容易发生泄漏和破裂。

2）泄漏和破裂管道的影响

a.供水中断。

泄漏和破裂管道可能导致饮用水和工业用水供应中断，对居民和工业生产造成困扰。

b.环境污染。

如果泄漏的管道液体是有害物质，它可能对土壤和地下水造成污染，对生态系统产生负面影响。

c.经济损失。

修复泄漏和破裂管道需要昂贵的维修成本，这可能导致经济损失。

4.压实和沉陷

地震还可能导致土地的压实和沉陷，这对于引水渠、桥梁和管道等地下设施构成威胁。压实和沉陷可能导致这些设施的变形和破坏。

1）地震引起的土地压实

地震通常伴随着地壳运动和地表振动。在这种振动作用下，地下土壤可能会发生压实现象。主要的压实方式包括：第一，地震波的传播会导致土壤颗粒间的静力作用增强，从而导致土壤体积的压实。这可能导致土地沉陷。第二，在某些情况下，地震波振动可能会导致土壤中的水分压力急剧上升，使土壤表现出液态特性，这称为液化。液化会导致土壤流动，可能导致地基下沉和建筑物倾斜。

2）地震引起的土地沉陷

地震还可以导致土地沉陷，这通常涉及水性沉积物和湿地地区。

（1）沉积性沉陷。沉积性沉陷通常涉及地震引起的地质过程，对附近的湖泊、河流或海岸线地区产生重要影响。

①机制。地震引发的振动会扰动水中的沉积物，导致沉积物重新分布。这可能会导致河床或湖底的升高，同时引起沿岸地区的高程下降。

②影响。沉积性沉陷可能引起地下水位上升，从而影响水利工程中的河流、湖泊或水库的水位。这可能对水资源管理、灌溉和供水产生重要影响。

（2）沉陷性地面下陷。沉陷性地面下陷是另一种地震引发的地质现象，通常涉及地下土壤的下沉。

①机制。地震波的振动可能导致土壤颗粒重新排列，使地面下沉。这种现象通常发生在地震活跃地区，特别是软土地带。

②影响。沉陷性地面下陷可能导致建筑物、道路和地下管道的下沉和破坏。对于水利工程，地下管道系统可能会受到损坏，从而影响供水和排水系统。

3）潜在的危害

地震引起的土地压实和沉陷可能对水利工程产生多种危害，包括但不限于以下内容。

（1）基础结构破坏。地震引起的土地压实和沉陷可能会对水利工程的各种基础结构造成严重损害。这包括大坝、桥梁、隧道、管道和水库等。危害主要表现为构件变形、破裂或失效，这可能导致设施的功能丧失或需要大规模修复和重建。例如，大坝可能会受到地震波振动的影响，导致裂缝和渗漏，威胁大坝的安全性。

（2）水资源管理问题。土地沉陷和沉积性沉陷可能导致水体的高程和流动性发生变化，这对水资源的管理和分配造成严重困难。例如，地面下陷可能导致地下水位上升，可能影响河流、湖泊或水库的水位。需要重新评估和调整水利工程的设计和操作，以适应新的地形。

（3）地下管道和管道破坏。地震引起的土地沉陷可能会对地下管道和管道系统造成破坏，这对供水和排水系统产生不利影响。管道的破裂或损坏可能导致供水中断、水的泄漏及污水处理问题。修复这些管道，系统可能需要大量时间和资源。

（四）泥石流和滑坡

泥石流和滑坡可能会破坏水利基础设施，如河道整治工程和水库。综合地形分析和早期警报系统对降低泥石流和滑坡风险至关重要。

二、水利工程灾害防范的策略

（一）工程设计的抗灾性

在水利工程的设计和规划阶段，必须考虑自然灾害的潜在威胁，包括但不限于地震、洪水、台风等。采取抗灾性设计措施，确保工程能够在灾害发生时保持稳定和安全。

1.强化结构设计

强化结构设计是确保水利工程能够抵御自然灾害影响的首要考虑因素。

1）抗震设计

对于地震危险区域的水利工程，必须采取抗震设计措施。包括使用抗震结构材料，如钢筋混凝土、抗震墙体等，以提高结构的抗震性能。

2）强度和稳定性

结构件和基础必须足够坚固，以应对可能的自然灾害，如飓风、洪水和地震。包括结构的强度计算和基础的抗冲刷设计。

3）加固措施

在一些情况下，现有的水利工程需要加固以提高其抗灾性。这可以通过加固结构、增强基础和更新设备来实现。

2.防洪设计

防洪设计是确保水利工程在洪水事件中保持稳定和安全的关键因素。

1）堤坝和闸门

在洪水频发区域，需要建造坚固的堤坝和闸门，以防止洪水侵袭工程设施。这些结构必须能够承受洪水压力和流量。

2）排水系统

设计合理的排水系统可以减轻洪水对工程的影响。包括排水渠、泵站和排水管道等设施。

3.地质和地形研究

对于位于地质和地形复杂区域的水利工程，必须进行详尽的地质和地形研究。

1）地质灾害评估

识别潜在的地质灾害风险，如滑坡、泥石流和地震引发的土壤液化。根据评估结果，采取必要的措施减轻风险。

2）地形分析

了解工程所在地的地形特点，包括地势、河流路径和土壤类型等，以预测可能的洪水和泥石流影响。

4.应急设施

将应急设施集成到水利工程中，以便在自然灾害事件发生时提供支持和保护。

1）避难所

a.建立位置。

避难所的位置应在水利工程附近，以确保人员能够迅速到达。这些位置通常选在相对较高或相对安全的地点，以避免洪水、泥石流或其他自然灾害的威胁。

b.结构设计。

避难所的结构必须足够坚固，以抵抗自然灾害的冲击。包括强化墙体、屋顶和地基，以减轻地震、飓风或洪水可能带来的损害。

c.供应和设备。

避难所必须提供基本的生活供应，如食物、水和医疗设备。此外，还需要备有应急发电设备、通信工具和照明设备，以确保在灾害期间能够维持基本生活条件。

2）紧急通信系统

a.网络建设。

建立紧急通信网络，包括有线和无线通信系统，以确保在自然灾害发生时能够及时传递警报和信息。这些网络必须具备自动化警报系统，可发送短信、电子邮件或语音信息给相关人员和当地居民。

b.监控和维护。

紧急通信系统需要定期监控和维护，以确保其正常运行。备用电源和通信设备必须随时可用，以应对可能的电力中断。

3）卫生设施

a.卫生设备。

在水利工程附近或避难所内提供基本卫生设施，如厕所、淋浴和洗手设施。这些设施对于维护卫生和防止疾病传播至关重要。

b.医疗设备。

卫生设施还需要备有基本的医疗设备和急救用品，以应对可能的伤害和疾病。训练有素的医疗人员应随时待命，以提供医疗服务。

这些应急设施不仅有助于水利工程应对自然灾害，还为工程所在地的居民提供了安全场所和保护。在自然灾害发生时，这些设施可以挽救生命、减轻伤害，同时有助于恢复和重建工程和社区。因此，应急设施的规划、建设和维护至关重要。

（二）灾害风险评估

全面的灾害风险评估是水利工程灾害防范的关键步骤。

1.洪水模拟

使用气象数据和水文模型来模拟不同洪水情景，评估可能的洪水风险。根据模拟结果,确定工程的洪水安全等级和相应的防洪措施。

1)洪水模拟方法

洪水模拟是一项关键的工具,用于评估水利工程的洪水风险。主要包括以下步骤。

a.数据收集。

收集与洪水相关的气象数据、地形数据、水文数据和工程数据。这些数据可用于构建洪水模型和确定模拟参数。

b.模型构建。

基于数据,建立洪水模型,通常包括气象模型、水文模型和水力模型。这些模型可以模拟洪水事件的发生、传播和影响。

c.场景制定。

制定不同的洪水场景,考虑各种可能的气象条件和水文情况。这些场景包括设计洪水、百年一遇洪水、特定气象事件引发的洪水等。

d.模拟和分析。

使用模型来模拟各种洪水场景,分析其可能的影响,包括水位、流速、洪水扩展区域等。这有助于确定潜在的风险和脆弱性区域。

e.评估和报告。

根据模拟结果,评估水利工程的洪水安全等级,生成洪水风险评估报告,提供决策者和相关利益方所需的信息。

2)洪水模拟的应用

洪水模拟在水利工程中的应用非常广泛,具体包括以下内容。

a.工程设计。

洪水模拟用于确定水利工程的设计洪水,确保工程能够抵御设计洪水的冲击。这有助于保护工程的稳定性和安全性。

b.风险评估。

模拟不同洪水场景有助于评估洪水风险,确定可能受到影响的区域和人员。这有助于制订应急响应计划和风险管理策略。

c.防洪规划。

洪水模拟用于制订防洪规划,包括堤坝、闸门、排水系统等防洪措施的设计和布局。这有助于减轻洪水可能带来的危害。

d.环境保护。

洪水模拟还可用于评估洪水对生态系统的潜在影响,以采取措施保护自然环境。

3)案例分析

在实际水利工程中,洪水模拟的应用非常重要。例如,在大坝工程中,通过洪水模拟可以确定大坝的最大承载能力,确保其在洪水期间不会受到破坏。同样,在城市防洪规划中,洪水模拟可以帮助确定排水系统的容量和防洪设施的布局,以减轻城市洪水可能带来的损害。

洪水模拟是水利工程中不可或缺的工具,它为工程设计、风险评估和防洪规划提供了关键的信息和数据支持。通过模拟不同洪水场景,水利工程能够更好地应对自然灾害,确保人们的生命和财产安全。

2.地震危险性评估

利用地震学和地质学的知识,对工程所在地的地震危险性进行评估。这包括确定可能的地震强度、频率和地震波的传播特性。根据评估结果,进行结构设计和加固,以提高抗震能力。

1)地震危险性评估方法

地震危险性评估是水利工程中至关重要的一环,用于确定工程所在地可能受到的地震威胁。以下是评估的主要方法。

a.地震学数据分析。

收集历史地震事件的数据,包括地震震级、震源深度、地震波传播等信息。这些数据用于了解地震的发生频率和可能的强度。

b.地震活动性分析。

通过研究地震断裂带、地震带和构造板块边界等地质特征,评估工程所在地的地震活动。这有助于确定潜在的地震源。

c.地震模拟与数值模型。

使用地震模拟与数值模型,模拟不同地震场景下地震波的传播和地面运动。这有助于预测地震对工程的可能影响。

2)地震危险性评估的应用

地震危险性评估在水利工程中的应用非常广泛,具体包括以下内容。

a.结构设计。

根据地震危险性评估的结果,工程师可以设计更加抗震的水利工程结构,确保其在地震发生时能够安全运行。这包括大坝、堤坝、桥梁等水利工程。

b.加固措施。

对于已有水利工程,地震危险性评估可以帮助确定加固和改进措施,以提高其抗震能力。这可能包括结构加固、材料更新等。

c.应急响应计划。

地震危险性评估也有助于制订应急响应计划。工程团队可以预测地震可能造成的损害,制定紧急撤离和安全措施,确保人员和设施的安全。

3)案例分析

在实际水利工程中,地震危险性评估的应用至关重要。例如,在大坝工程中,地震危险性评估可以确定可能发生的地震强度和频率,从而确定大坝的抗震设计标准。同样,在水库和水文观测站的建设中,地震危险性评估可以影响其地点选择和设计规格,以确保其在地震事件中的稳定性。

地震危险性评估是水利工程中不可或缺的工具,它为工程设计、加固改进和应急响应计划提供了关键的信息和数据支持。通过评估地震危险性,水利工程能够更好地抵御地震的冲击,确保其稳定性和安全性。

三、水利工程灾害应急响应措施

(一)应急计划制订

1.灾害类型分类

在制订应急计划时,需要对可能影响水利工程的各种灾害类型进行分类。包括自然灾害如洪水、干旱、地震,以及人为灾害如事故泄漏等。

2.风险评估

针对每种灾害类型,进行详细的风险评估。包括确定灾害的发生概率、影响范围和严重程度。基于风险评估结果,制定相应的应对策略。

3.应急团队组建

建立应急团队,包括不同专业领域的专家和应急响应人员。明确各自的责任和职责,确保高效的应急协调。

4.应急资源准备

确保应急响应所需的资源充足,包括人员、设备、通信工具、救援物资等。建立紧急供应链,以满足应急需求。

5.应急预案制订

针对不同类型的灾害,制订详细的应急预案。这些预案应包括警报和通知程序、撤离计划、危险化学品管理、医疗救援、紧急通信等方面的措施。

(二)监测和警报系统

1.实时监测系统建设

部署先进的监测设备,包括水位传感器、气象站、地震仪器等,以实时监测可能引发灾害的因素。这些设备应与中央监测系统相连接,确保数据的实时传输。

2.警报系统建设

建立多层次的警报系统,包括自动化报警系统、手机短信、电视、广播和社交媒体等多种渠道。确保及时向相关机构和公众发布灾害警报。

3.数据分析和预测

利用实时监测数据,进行数据分析和模型预测,以提前发现可能的灾害趋势。这有助于采取预防性措施,减轻灾害影响。

(三)应急演练和培训

1.定期演练计划

制订定期的应急演练计划,包括模拟不同类型的灾害事件。演练应涵盖不同层级的响应团队,从基层员工到高级管理人员。

2.演练目标和评估

在演练中设定明确的目标和指标,并进行演练后评估。评估包括响应时间、协调效率、资源利用、通信效果等各个方面。

3.培训和意识提升

定期培训应急响应团队,提高其在紧急情况下的决策和行动能力。此外,开展公众意识增强活动,教育居民应对不同类型的灾害。

四、水利工程灾害社区参与教育

(一)社区教育

社区教育是应对水利工程灾害的重要一环，旨在增强当地社区和居民的灾害意识，使他们能够更好地理解潜在的自然灾害风险，以及如何采取行动以保护生命和财产。

1.强化风险意识

社区教育应着重向社区居民传达提升灾害风险意识的重要性，包括提供关于历史灾害事件的信息，以及相关数据和统计，帮助居民理解潜在的风险。

1)历史事件回顾

通过提供有关过去自然灾害事件的详细信息，社区教育可以引导居民了解灾害的真实威胁，包括描述事件的发生、造成的损失和影响，以及社区的恢复经验。这种历史回顾可以让人们明白，自然灾害并非遥不可及的事情，而是一个有可能发生的现实。

2)数据和统计分享

提供相关的数据和统计信息，以呈现潜在风险的严重性。这包括洪水的历史水位、地震的震级和频率、干旱的历史记录等。通过可视化和图表，居民可以更容易地理解风险的现实程度。

3)风险评估工具

使用简单的风险评估工具，帮助居民了解他们所在区域的风险水平。这些工具可以根据地理位置、地质条件和气象数据等因素，为社区居民提供风险评分和建议。

2.自我保护技能培训

社区教育培训居民采取自我保护措施的技能。包括制订家庭紧急计划、组建家庭应急包、学习基本的急救技能等。

1)制订家庭紧急计划

居民应该学习如何制订家庭紧急计划。这个计划应包括家庭成员的联系信息、紧急联系人、集合点、医疗信息等。培训时应帮助他们了解如何制订计划、定期更新计划，以及在紧急情况下执行计划。

2)组建家庭应急包

居民应学习如何准备家庭应急包。家庭应急包应包括食物、水、药物、急救用品、重要文件、充电设备等。培训可以提供指导，告诉他们如何选择和维护这些物品，以确保它们在需要时可用。

3)学习基本的急救技能

自我保护包括基本的急救技能培训，如处理创伤、止血、心肺复苏等急救技巧。居民应学习如何在紧急情况下提供基本的医疗援助，直到专业救援人员到达。

3.灾害预警体系

居民需要了解如何接收并正确解读灾害预警信息。社区可以提供培训，教导居民如何使用不同的通信渠道和应用程序来及时获取警报和信息。

1)了解灾害预警系统

灾害预警系统是社区在自然灾害来临时及时提供信息和指导的关键组成部分。居民需要了解如何接收并正确解读这些预警信息,以便采取适当的行动。

a.预警渠道。

居民需要了解预警信息可能通过哪些渠道传递,如手机短信、电视广播、无线电、社交媒体、应用程序等。应该注册并激活这些渠道,以确保及时接收警报。

b.预警级别。

社区应该向居民解释不同预警级别的含义。例如,什么情况下会发出紧急警报,什么情况下会发出警告或观察通知。了解级别有助于居民了解危险程度。

c.信息来源。

居民应该知道可信赖的信息来源,如中国气象局、地方政府或国际组织。他们应该知道如何验证信息的真实性,以避免误导性信息。

d.定期检查预警设备。

居民如果拥有收音机或其他预警设备接收天气预警信息,应定期检查设备的状态和电池电量。确保这些设备在需要时能够正常运作。

2)应用技术和工具

使用现代技术和工具有助于提高居民对灾害预警的敏感度和反应能力。社区可以提供培训,教导居民如何有效地使用这些工具。

a.手机灾害预警应用程序。

居民可以学习如何下载和使用手机灾害预警应用程序。这些应用程序通常提供实时警报、交互式地图和有关灾害风险的信息。

b.社交媒体。

社交媒体是传播灾害信息的重要工具。居民可以了解如何关注官方社交媒体账号,以获取最新的警报和信息。

c.智能家居设备。

智能家居设备如智能扬声器和智能手机可以接收警报信息,可以教导居民如何配置这些设备以接收警报。

3)家庭应对措施

社区应该培训居民如何采取家庭应对措施以响应灾害预警。

a.家庭计划。

居民需要了解如何制订家庭紧急计划,包括定位集合点、备份重要文件和准备应急包。

b.家庭演练。

社区可以组织家庭演练,帮助居民熟悉应对紧急情况的步骤,提高他们在面对危险时的反应速度。

c.合作。

鼓励邻里之间建立合作关系,以相互支持和共享资源,以便在紧急情况下提供额外的帮助。

了解灾害预警系统、应用技术和工具及采取家庭应对措施是社区居民在自然灾害发生时保护自己和家人的关键。社区教育和培训可以帮助他们更好地应对潜在的灾害风险。

4.灾后恢复

在社区教育中,灾后恢复是一个至关重要的方面。它帮助居民了解在自然灾害发生后如何获得资源和支持,以更好地应对灾害后的挑战。

1) 资源和支持

居民需要了解在灾害后可以获得哪些资源和支持。具体包括政府提供的紧急救援、庇护、食物和饮水,以及社区组织、志愿者和非政府组织提供的支持。

2) 政府计划

社区应向居民介绍政府的紧急灾后计划。具体包括如何获得紧急援助、如何申请救济和如何获得住房恢复帮助等。

3) 危机心理健康

居民需要了解危机心理健康支持的重要性。他们应该知道如何理解自己或家人的心理健康需求,并知道如何寻求专业帮助。

4) 家庭恢复计划

教育可以帮助居民制订家庭恢复计划。具体包括评估灾害造成的损失、规划恢复步骤、管理财务、修复住房等。

5) 灾后教育

如果灾害导致学校关闭或学生中断学业,居民需要知道如何获得灾后教育支持,以确保孩子的教育不会受到严重影响。

灾后教育是确保社区居民在自然灾害发生后得到支持和资源的关键。这种教育帮助他们更好地应对灾害后的挑战,促进社区的快速恢复和重建。

(二)社区参与

社区参与是建立与当地社区的合作关系,共同制订应对自然灾害的策略和计划的关键组成部分。

1.社区合作协议

建立正式的社区合作协议,明确社区、水利工程项目方和相关政府机构之间的责任和义务,包括资源共享、应急响应和协作计划的制订等。

1) 协议范围

社区合作协议的首要任务是定义其范围。具体包括明确协议适用于哪个特定的水利工程项目,以及协议涵盖的自然灾害类型,如洪水、干旱、地震等。

2) 责任和义务

协议应详细列出每个合作方的责任和义务。例如,水利工程项目方需要提供资源和支持,社区需要参与灾害预警和疏散计划,政府机构需要提供紧急救援和医疗支持。

3) 资源共享

协议可以规定各方之间的资源共享机制。具体包括共享人员、设备、通信工具、救援物资等,确保资源的及时共享对于有效的应急响应至关重要。

4) 应急响应计划

协议应包括应急响应计划的制订和实施。具体包括灾害预警、撤离计划、紧急救援措施和灾后恢复计划等。协议可以要求各方定期进行演练,以确保计划的有效性。

2.社区参与决策

社区参与决策是水利工程和灾害风险管理的一个重要组成部分。它有助于确保社区的声音被充分听取,同时能够为工程和灾害风险管理的决策提供更全面的信息和视角。

1) 决策透明度

社区参与决策的第一步是确保决策透明度。这意味着向社区提供关于工程和灾害风险管理的信息,包括项目的背景、风险评估、决策选项和可能的影响。透明度有助于建立信任,确保社区了解决策的基础和目标。

2) 公开听证会

举行公开听证会是一种让社区居民表达他们意见和担忧的方式。这些听证会为社区提供了一个平台,使他们能够直接与决策者互动。听证会应该定期举行,以确保社区居民的声音被持续听取。

3) 社区咨询委员会

成立社区咨询委员会是另一种有效的方式,将社区的声音纳入决策过程。这些委员会由社区选举产生,代表社区居民的利益,参与项目决策和风险管理的讨论。

3.避难所和救援计划

与社区合作,共同制订避难所和救援计划。这包括确定避难所的位置、资源储备、紧急通信和救援队伍的组建。

1) 确定避难所位置

为了制订有效的避难所和救援计划,需要确定避难所的位置。这需要考虑潜在的灾害风险,例如洪水、地震或飓风的可能影响区域。避难所应该位于相对较高和相对安全的地理位置,远离潜在的灾害源。

2) 资源储备

避难所应该储备足够的资源,以满足社区居民在紧急情况下的基本需求。具体包括食物、饮用水、医疗用品、卫生设施和临时住所。资源储备的数量和类型应根据社区的规模和特定需求进行评估和计划。

3) 紧急通信系统的组建

救援计划需要包括可靠的紧急通信系统。具体包括收音机、电话、互联网和手机等多种通信方式,以确保社区居民能够接收警报和重要信息,并向救援机构发送请求。

4) 救援队伍的组建

救援计划应该明确制订救援队伍的组建和行动计划。具体包括培训和组织志愿者、救援人员和医疗专业人员,以便在灾害事件发生时提供急救和支持。

4.社区培训和演练

为社区居民提供培训和定期演练,使他们能够有效地参与应急响应。具体包括火灾逃生演练、急救培训等。

1) 火灾逃生演练

社区居民需要知道如何在火灾发生时迅速而安全地逃生。培训应包括如何使用灭火器、识别火源、寻找逃生路线及怎样避免吸入有毒烟雾。定期举行火灾逃生演练可以帮助居民熟悉逃生程序。

2）急救培训

急救培训使社区居民能够在紧急情况下得到基本的医疗援助，包括心肺复苏技能、止血、急救姿势和骨折固定等。培训有助于提高伤者在等待专业医疗服务时的生存率。

3）自然灾害准备培训

社区居民需要了解如何应对自然灾害，如洪水、地震和飓风。培训可以包括灾害风险识别、紧急撤离程序、避难所的位置和使用、食物和水的储备、家庭紧急计划等内容。

4）危险品事故应对

如果社区附近有危险品储存或工业设施，居民需要知道如何应对可能发生的危险品事故。培训包括如何识别危险品、采取保护措施、如何封锁和撤离危险区域等。

5）紧急通信培训

社区居民需要了解如何使用不同类型的通信工具，以接收和发送紧急信息。培训可以包括使用手机、无线电通信、收音机和互联网等了解当地紧急通信系统的操作。

6）定期演练

培训应该与定期演练相结合，以确保社区居民能够将所学的技能应用到实际情况中。演练可以模拟火灾、地震、洪水等灾害，以及应对恶劣天气、断电或其他紧急情况。

水利工程灾害防范与应急响应需要综合考虑工程、科技、社区和政府的参与，以确保水资源管理和水利基础设施的安全和可持续性。这些策略有助于降低自然灾害对水利工程的威胁，并提高水利工程对灾害的应对能力。

第八章　水利工程可持续发展与创新管理

第一节　水利工程可持续发展的理念与目标

一、可持续发展的概念与内涵

可持续发展是一种重要的发展理念,旨在满足当前社会、经济和环境的需求,同时确保不损害未来世代满足其需求的能力。这个概念在水利工程领域具有广泛的应用,包含以下内涵。

(一)经济可持续性

1.资源有效利用

在水利工程中,经济可持续性意味着要高效利用有限的资源,包括资金、材料和劳动力。可采用成本效益分析、资源优化和成本控制等策略,以确保项目的经济可行性。

1)经济可行性

资源的有效利用有助于提高项目的经济可行性。在项目规划和执行之前,进行成本效益分析是确保项目资源充分利用的关键步骤。这种分析有助于确定项目所需的资源投入与预期收益之间的平衡,并确定项目的可行性。如果资源利用不足或浪费,项目可能会面临财务问题,甚至无法按计划完成。

2)提高工程效率

有效的资源管理可以提高工程效率。具体包括确保材料的合理使用,最大程度地减少废弃物和损耗。在劳动力方面,合理的工时管理和培训可以提高工人的生产力。此外,资源的合理利用还可以缩短项目的施工时间,从而降低项目成本。

3)环境友好

资源有效利用与环境友好的目标密切相关。减少资源浪费和废弃物的产生有助于减少对环境的负面影响。例如,在材料选择方面,可以优先选择可再生和环保材料,降低项目的碳排放。这种做法符合可持续发展的理念,有助于维护生态平衡。

2.长期盈利

水利工程项目应当考虑其长期盈利能力,以确保项目的可持续运营。具体包括适当的项目融资、资本维护和风险管理,以确保项目在多年甚至几十年内能够维持盈利能力。

1)项目融资和投资回报率

水利工程项目通常需要大量的资本投资,包括建设和基础设施成本。为了确保长期盈利能力,项目的融资结构和资本布局需要谨慎规划。投资者通常关注项目的投资回报率,因此项目的财务可行性分析和风险评估至关重要。项目的融资计划应能够确保在项目运营期间实现适当的现金流和利润。

2）资本维护与升级

长期盈利能力还涉及资本维护和设施升级的考虑。水利工程项目的基础设施和设备需要定期维护和更新，以确保其性能和安全性。这需要项目管理者预留足够的资金和资源，以应对未来的维护需求。忽视资本维护可能导致基础设施的老化和性能下降，从而对盈利能力构成威胁。

3）风险管理

长期盈利能力还需要综合的风险管理策略。水利工程项目可能面临多种风险，包括自然灾害、市场变化、政策法规变更等。风险评估和风险缓解计划是确保项目能够在面临不确定性时继续盈利的重要工具。可采取适当的保险、多元化收入来源以及与利益相关者的紧密合作等措施。

（二）社会可持续性

1.社会公平

1）资源公平分配

社会可持续性要求水利工程项目确保水资源的公平分配，意味着资源应该以一种公正的方式分配给不同的用户，包括农业、工业和城市用水。因此，需要建立透明的水资源管理机制，以避免资源垄断和不平等的问题。

2）关注弱势群体

社会可持续性还要求特别关注弱势群体的权益。应采取措施，确保这些群体不会因资源的不公平分配而受到不利影响，例如提供替代水源、改善灌溉设施或提供培训和支持。

3）社会福利

社会可持续性的目标之一是提高社会福利。水利工程项目可以通过改善供水、灌溉和供水管理等方面的基础设施来实现这一目标，以提高人们的生活质量，促进社会可持续发展。

2.社区参与

1）决策过程的共享

社会可持续性要求项目管理者与当地社区进行积极互动，并将他们纳入项目决策过程，可通过公开听取意见、举办公众研讨会和建立咨询委员会等方式实现。社区的参与有助于确保项目不只符合技术标准，还反映了当地居民的需求和期望。

2）共享项目成果

社会可持续性还涉及共享项目的成果。具体包括提供当地就业机会、改善基础设施、支持社区项目和提供教育及培训机会。通过与社区分享项目成果，可以建立社区对项目的支持，减少潜在的社会抵制和冲突。

3）冲突解决

社会可持续性还要求项目管理者具备解决潜在冲突的能力。当不同利益相关者之间存在分歧或争议时，应采取合适的冲突解决机制，以维护社会和谐和项目的可持续性。

(三)环境可持续性

1.生态保护

1) 湿地保护

湿地是重要的生态系统,对水资源的保护和水质的净化起着关键作用。水利工程项目应确保不破坏或破坏最少的湿地,采取措施来保护和恢复湿地生态系统,可进行湿地保护区的设立、植被恢复计划,以及水文学方面的监测和管理。

2) 栖息地恢复

水利工程项目可能会破坏野生动植物的栖息地。为了维护生态平衡,项目管理者应采取栖息地恢复措施,例如建立人工栖息地、移植濒危物种或提供替代栖息地。

3) 水质维护

环境可持续性还要求项目确保水质得到有效维护。具体包括监测水质、采用适当的水处理技术、减少污染源,以及促进可再生能源的使用。通过这些措施,可以减轻工程对水质的不利影响。

2.气候适应

1) 气候变化的影响

气候变化对水资源产生了广泛而深远的影响,包括降水模式的变化、蒸发率的增加和更频繁的极端天气事件。项目必须对这些变化进行评估,以了解其对水利工程的潜在影响。

2) 气候适应策略

气候适应是环境可持续性的关键要素。项目应采取适应性策略,以确保在未来气候条件下依然有效。具体包括更新设计标准、提高工程的抗灾能力、建立紧急响应计划和加强监测和预警系统。

3) 水资源管理的灵活性

灵活的水资源管理对于适应气候变化至关重要,具体包括灌溉水的有效利用、水资源的定量和质量管理、水源多样化,以及智能水资源管理系统的应用。通过这些策略,项目可以更好地适应气候变化的挑战。

可持续发展的概念要求水利工程项目在经济、社会和环境三个维度上实现平衡,以满足当前需求,同时确保不影响未来世代的需求。这意味着在水利工程的规划、设计、建设和管理中,需要综合考虑各种因素,制定可持续的战略和措施,以实现长期的社会、经济和环境效益。这一理念在全球范围内引领着水资源管理和水利工程领域的发展。

二、水利工程的可持续发展目标

(一)资源保护与水资源管理

水利工程应致力于保护水资源,减少浪费,提高利用效率。可持续水资源管理的目标是确保水资源的长期可用性,包括保护水源地、提高供水效率、改善水质等。

1.保护水源地

水利工程的首要目标是保护水源地,确保水体受到的污染和破坏最少。具体包括采取措施维护水源地的水质,保护附近的自然生态系统,并减少污染源的排放。

1)水源地的定义和类型

a.水源地定义。

水源地是指供应自来水、灌溉、工业用水等用途的水体,包括河流、湖泊、水库和地下水。

b.不同类型的水源地。

不同类型的水源地存在于不同环境中,包括山地、平原、湿地等。每种类型的水源地都需要特殊的保护措施。

2)水源地保护的重要性

a.饮用水供应。

水源地是城市和农村饮用水供应的关键来源。污染或破坏水源地可能导致饮用水质量下降,危害公众健康。

b.农业和灌溉。

水源地用于农业灌溉,支持作物生长。污染或水源减少可能导致农田干旱,影响农业产量。

c.工业用水。

工业用水对制造业和能源生产至关重要。保护水源地有助于维持工业用水的稳定供应。

d.生态系统。

水源地是生态系统的一部分,支持着各种野生动植物的生存。破坏水源地可能导致生态系统崩溃。

2.提高供水效率

水资源是宝贵的,项目应采用技术和管理策略,以提高供水效率,可通过更有效的水输送系统、水资源回收和再利用及减少漏水来实现。

1)供水效率的定义

供水效率是指在满足需求的情况下,以最低资源投入提供水资源的能力。它通常通过比较供水系统的产出(供水量)与输入(用水量和资源投入)来衡量。

2)提高供水效率的方法

a.改进输水系统。

升级和优化输水系统,包括管道、泵站和水处理设施,以减少输送水量损失和能源消耗。使用先进的检测技术,如远程传感器,来实时监测管道和设备的性能,以及快速检测泄漏。

b.水资源回收和再利用。

采用水资源回收系统,将废水处理成可再利用的水源,用于冲洗、灌溉或工业用途。这有助于减少淡水用于非饮用用途,减轻对自然水体的压力。

c.减少漏水和浪费。

通过定期维护和检查水管网,减少漏水和损耗。同时,鼓励用户采取节水措施,如安装高效节水设备、制订用水计划等,减少用水浪费。

d.智能水管理系统。

引入智能水管理系统,通过数据分析和预测来优化供水系统的运行,包括根据需求进行灵活的水供应,以及实时监测和响应异常情况。

3.改善水质

应积极改善水质,以满足饮用水、农业和工业用水的需求。可采用适当的水处理技术,监测和控制污染源,确保水质达到法定标准。

1)水质改善的定义

水质改善是指通过一系列技术和管理措施,减少或消除水中的污染物,以提高水的质量,使其符合特定用途的措施。具体包括去除污染物、调整水的化学成分、提高水的透明度和卫生状况等。

2)水质改善的方法

a.水处理技术。

采用适当的水处理技术,如混凝、絮凝、沉淀、过滤、消毒等,以去除悬浮颗粒、有机物、微生物和有害物质。这些技术可以应用于饮用水处理厂、污水处理厂和工业废水处理设施。

b.污染源控制。

识别和控制水体污染源,减少有害物质进入水体的量。具体涉及监管工业排放、农业非点源污染、城市排水和废物处理,以及推动环保技术的采用。

c.监测和管理。

建立水质监测体系,定期监测水体的质量,并及时采取措施应对异常情况。管理污染物的来源、浓度和排放量,确保水质符合法定标准。

(二)生态保护与恢复

水利工程需要在工程建设和运营中考虑生态保护,减少对生态系统的冲击。具体包括湿地保护、鱼类迁徙通道建设、河道生态修复等。

1.湿地保护

湿地是地球上独特且丰富的生态系统,涵盖了沼泽、河流洪泛区、湖泊和滨海等。湿地对于水资源的保护、水质的净化、生态多样性的维护及气候调节都具有至关重要的作用。因此,在水利工程项目中,湿地保护被视为一项关键任务,需要采取一系列措施来确保湿地的完整性和功能。

1)水质净化

湿地可以作为自然的过滤系统,去除水中的污染物,包括有机物、氮、磷和重金属。可提高水体的质量,减少污染物对生态系统和人类健康的威胁。

a.有机物去除。

湿地中的植被和微生物可以分解和吸附水中的有机物,包括废水中的有机废物和污水中的微生物。这些生物和植被通过新陈代谢过程将有机物转化为更简单、有较少危害的物质,从而减少了水体中的有机负荷。

b.氮和磷的去除。

氮和磷是水体中的主要营养物质,但高浓度的氮和磷会导致水体富营养化,引发藻类大量繁殖,最终导致水质下降。湿地中的植物和微生物能够吸收和固定氮和磷,将它们从水中去除,防止了富营养化的发生。

c.重金属去除。

湿地通过吸附、沉淀和还原等作用,可以有效去除水中的重金属,如铜、铅、锌等。这些重金属通常来自工业排放和污染源,对水质和生态系统造成严重危害。

2)洪水调节

湿地可以吸收和储存雨水,减缓洪水的发生,降低洪水的威胁。它们还可以释放水分,缓解干旱和维持河流的流量。

a.吸收和储存雨水。

湿地通常拥有高度吸水和储水的能力。在降水事件发生时,湿地能够迅速吸收大量降水,并将其暂时储存在湿地土壤和植被中。这种吸水和储水的过程有助于减小雨水形成径流的速度,从而削减了洪峰流量。

b.减小洪峰流量。

湿地通过减缓水流、延长流程和增加水量的沉淀时间,降低了洪水的峰值流量。避免河流的迅速泛滥,减少了洪水对下游地区的冲击。

c.缓解洪水影响。

湿地充当了自然的"缓冲区",可以吸收洪水冲击并减轻洪水对人类社会和基础设施的损害。

3)生态多样性

湿地是许多野生动植物包括候鸟、鱼类、两栖动物和爬行动物的栖息地。它们对生态多样性的维护至关重要,是众多物种的繁衍和迁徙地。

a.提供栖息地多样性。

湿地生态系统包括沼泽、湖泊、河流和滨海等不同类型的栖息地。这些栖息地的多样性吸引了各种野生动植物,提供了不同物种所需的各种环境条件。候鸟、水禽、两栖动物和鱼类等各类动植物都在湿地中找到了自己的家园。

b.繁殖和迁徙地。

许多鸟类和水生动物选择湿地作为繁殖和孵化的地方。这些区域通常能提供丰富的食物资源和安全的环境,有助于物种的繁殖成功。此外,湿地还是候鸟的迁徙站点,提供了休息和觅食的场所,对于维持全球生态多样性至关重要。

c.高生产力和食物链。

湿地通常具有高生产力,由于植物丰富,能提供丰富的有机物质,支持着多级食物链。这意味着湿地为各种野生动物提供了丰富的食物资源。

2.鱼类迁徙通道建设

对于河流水利工程项目,确保鱼类等水生生物的迁徙是至关重要的。为此,可以设计和建设鱼类迁徙通道,以维护生物多样性和保护渔业资源。

1)鱼类迁徙的重要性

a.生物多样性保护。

鱼类迁徙是许多鱼类物种的关键生命周期过程之一。它们迁徙到不同的栖息地以繁殖和寻找食物。如果迁徙受到阻碍,鱼类种群可能会受到威胁,甚至导致濒危物种的灭绝。

b.渔业资源保护。

鱼类迁徙通道的建设有助于保护渔业资源。这对于保持可持续地捕捞和满足人类食物需求至关重要。渔业是许多社区的重要经济来源。

　　c.生态系统功能。

　　鱼类迁徙通道有助于维护河流和湖泊生态系统的功能。鱼类是食物链的一部分,影响着其他水生生物的生存和繁殖。

　　2)鱼类迁徙通道的设计和建设

　　a.生态学考虑。

　　鱼类迁徙通道的设计应基于对当地生态系统的深入了解。具体包括研究鱼类物种、鱼类的迁徙模式及迁徙路径。通道的设计应尽量模拟自然条件,以便吸引鱼类使用。

　　b.通道类型。

　　鱼类迁徙通道可以采用不同的类型,包括鱼梯、鱼道、螺旋通道等。通道的选择取决于具体情况,如水坝类型、鱼类物种和生态系统需求。

　　c.水流管理。

　　通道中的水流管理至关重要。它可以通过流速控制、水流深度和温度管理来实现。这些因素应该满足不同鱼类物种的需求。

　　3.河道生态修复

　　河道生态系统的破坏可能导致洪水、土壤侵蚀和水质问题。因此,河道的生态修复可通过恢复天然生态系统来改善水体质量。

　　1)河道生态系统的重要性

　　a.水质改善。

　　河道的自然生态系统有助于净化水质,通过植物吸收和过滤污染物质,改善水体的质量,为当地社区提供安全的饮用水水源。

　　b.野生动植物栖息地。

　　河道生态系统是众多野生动植物栖息地,包括鱼类、鸟类、两栖动物和爬行动物。它们对于维持生态多样性至关重要。

　　c.洪水控制。

　　健康的河道生态系统可以吸收并减缓洪水,减轻洪水对周边地区的危害。

　　d.土壤保护。

　　河道生态系统的植物可以稳固土壤,减少土壤侵蚀,有助于维护农田的肥沃性。

　　2)河道生态修复的关键要素

　　a.水质管理。

　　生态修复需要关注水体的质量。可以通过减少点源和非点源污染物排放,以及恢复湿地和河岸带植被来实现。

　　b.栖息地恢复。

　　恢复和改善野生动植物的栖息地,包括河床、河岸、湿地和水生植被。通过植树造林、湿地恢复和水生植物种植来实现。

　　c.水流管理。

　　管理水流对于河道生态系统的健康至关重要。可维持适当的水流速率和水位,以及模拟自然洪水事件。

d.监测和评估。

河道生态修复项目需要进行定期监测和评估,以评估修复效果。可通过生物多样性调查、水质监测和土地使用评估来实现。

(三)公平分配与社会效益

1.公平分配

可持续发展要求水资源的公平分配,确保各种社会需求得到满足。特别需要关注社会弱势群体的权益,确保他们也能获得水资源的平等机会。

1) 饮用水供应

确保饮用水的公平分配是水利工程的首要任务。每个社区和家庭都应有稳定、安全的饮用水供应。可通过建立水质稳定的水源、建设供水设施、定期维护和监测水质来实现。

2) 灌溉

灌溉水资源的公平分配对于农业生产至关重要。水利工程应考虑不同农户的需求,制订公平的灌溉计划,确保每个农户都能获得足够的水资源来维持农业生产。

3) 工业用水

工业用水的分配需要考虑工业发展的需要,同时要保护环境和水资源的可持续性。建设水处理设施和工业用水管道可以帮助实现这一目标。

4) 社会弱势群体的权益

社会弱势群体,如贫困人口和农村居民,常常面临水资源的不平等分配。水利工程项目应采取特殊措施,确保这些群体也能获得充足的水资源,以满足其基本生活和生产需求。

2.社会效益

项目的设计和实施应考虑社会效益,包括提供就业机会、改善基础设施、促进经济增长和社区发展。可通过与当地社区的合作、培训等来实现。

1) 提供就业机会

水利工程项目通常需要大量的劳动力,包括工程建设、监测和维护。项目的实施可以提供就业机会,改善当地社区的生计。

2) 改善基础设施

水利工程项目通常伴随着基础设施的改善,如道路、桥梁和供水系统。这有助于提高社区的生活质量,提供更好的交通和供水条件。

3) 促进经济增长

水资源的有效管理和分配有助于促进农业和工业的发展,从而促进经济增长。可通过提高农产品产量、增加工业产值和吸引投资来实现。

4) 社区发展

水利工程项目还可以促进社区的发展,包括教育、卫生和文化。可通过提供清洁的饮用水、改善卫生设施和支持社会项目来实现。

公平分配和社会效益是水利工程项目的重要目标,它们有助于确保水资源的可持续利用,并提高社区的生活质量。通过制定合适的政策,以及关注社会弱势群体的需求,可以实现这些目标,为社会和经济发展创造更多机会。

三、水利工程建设对保护生态环境可持续发展的影响

河流是人类文明发展的起源,各大古文明的发源地都是在大河流域,水源与人类生活息息相关,河流也是最容易受到人类影响的生态系统之一,尤其是在现代科技不断革新的情况下,人类改造自然、改造生存环境的技术和手段也在不断更新,植被的破坏、水利工程建设、河岸固化、对水资源和环境的过度开发等行为严重导致河流生态系统服务功能退化。水利工程的建设对当地的河流生态系统的影响是有两面性的,人类在发展的同时应该重视对河流生态的影响,保持河流生态系统健康发展。

(一)水利工程建设相关的河流生态系统产品

1.供水

水利工程的典型代表就是水坝,通过修建水坝可以实现淡水资源的储蓄,并为附近居民提供可用的淡水资源,根据不同地区的水质情况,可以将所蓄淡水应用在农业灌溉、生活用水、湿地补水、工业用水等不同情况。

1)农业灌溉

农业是全球各地重要的经济支柱之一。水坝的建设为农业提供了可靠的灌溉水源,对提高农作物产量和改善农业生产条件至关重要。

a.节水灌溉技术。

水坝供水可以结合现代的节水灌溉技术,如滴灌、喷灌和土壤湿度传感器,以最大限度地减少水资源的浪费,同时提高农业效益。

b.季节性灌溉。

在旱季和干旱期间,水坝提供了关键的灌溉水源,确保农作物的正常生长和收获。

c.多季种植。

有了稳定的灌溉水源,农民可以在一年中种植多个季节的农作物,提高农田的产出。

2)生活用水

水坝的另一个主要用途是为居民提供生活用水。

a.城市供水。

水坝通过水库储存淡水资源,为城市供水系统提供可靠的水源,确保居民的日常饮用水供应。

b.水质管理。

在供水过程中,需要进行水质管理,确保供水安全,包括水质监测、水处理和供水管道维护。

c.紧急情况备用水源。

水坝还可以作为城市的紧急备用水源,用于应对突发的供水问题,如自然灾害或管道损坏。

3)湿地补水

湿地是生态多样性的关键栖息地,但它们通常受到水位变化的威胁。水坝可以用来维持湿地的水位,促进湿地生态系统的健康。

a.生态平衡。

湿地补水有助于保持湿地的水平衡,维持湿地植物和野生动物的生活环境。

b.迁徙鸟类栖息地。

湿地通常是迁徙鸟类的栖息地,水坝的维持水位有助于这些鸟类在迁徙季节中找到足够的食物和栖息地。

c.防止土壤侵蚀。

湿地补水可以减轻土壤侵蚀,改善水质,降低洪水风险。

4)工业用水

工业生产通常需要大量的水资源。水坝储存的水资源可用于工业生产中的多个方面,如制造、冷却和清洗过程。

a.制造过程。

许多制造行业需要水来完成生产过程,如纺织、制浆造纸、食品加工等。水坝供水可确保生产的连续性。

b.冷却系统。

工业设备通常需要冷却,水坝提供了冷却水的来源,有助于维护设备的正常运行。

c.清洗和污水处理。

工业过程中产生的废水需要处理和清洗,水坝供水用于清洗和污水处理过程。

2.水产品

生产水资源生态系统的特征之一就是水产品的生产,大面积的水域可以为水产养殖提供良好的环境,河流生态系统中含有大量的营养物质,河流中自养生物通过光合作用将无机物转化为有机物,为河流生态系统提供充足的养分,而河流中的异养生物将产生的有机物转化为自身的能量,进而产生大量的水产品,可以为人类的生活、生产提供原材料。

1)增加水产品供应

a.淡水鱼类养殖。

水坝和水库提供了理想的淡水环境,可用于淡水鱼类养殖。这些水体不仅提供了生长所需的水量,还能够支持丰富的浮游生物,为鱼类提供养分。

b.虾类和蟹类养殖。

水坝周围的湿地和河口地区通常适合虾类和蟹类的养殖。这些水域为虾类和蟹类提供了栖息地,并且富含浮游生物,是它们理想的生长场所。

2)生态系统的影响

a.生态平衡。

水产品的养殖通常需要适宜的水生生态系统。水坝维护了水域的水位,有助于保持适宜的生态平衡,维护水生生态系统的健康。

b.水质管理。

为了提高水产品的质量,水坝供水必须具有良好的水质。因此,水质监测和管理在水产养殖过程中至关重要。

3）支持经济和就业

a.渔业产业。

水产品养殖和捕捞业是许多国家的重要经济产业,提供了大量的就业机会。水利工程的建设为这些产业提供了发展基础。

b.加工和出口。

水产品的加工和出口是一些地区的主要经济来源。水产品的供应受制于水域的养分和水质,因此水坝的管理对于维持这一产业的稳定供应至关重要。

4）食品安全和可持续性

a.食品安全。

水产品是世界上最主要的蛋白质来源之一。水利工程的管理可以确保水产品的生产和供应达到食品安全标准,满足人类的膳食需求。

b.可持续性。

水产养殖和捕捞的可持续性对于维护水生生态系统至关重要。水坝的管理需要平衡水资源的可持续使用,以确保未来世代仍然能够依赖水产品作为食物来源。

3.内陆航运

现代社会交通便利,内陆航运仍然具有成本低、运输量大的优势。修建水利工程可以促进航运业的发展,节省能源,促进环境的可持续发展。

1）成本效益

a.低运输成本。

与其他交通方式相比,内陆航运通常具有更低的运输成本。水道的存在使货物可以经济高效地运输,不受道路交通拥堵或燃油价格波动的影响。

b.大运载能力。

内陆航运船舶通常具有大容量,可以一次性运输大量货物。这降低了单位货物运输成本,对大规模物流运营尤为重要。

2）能源效益

a.低能源消耗。

内陆航运船舶通常具有较低的燃油消耗,因为它们是由水力推动的。这减少了温室气体排放,有助于减少对环境的不利影响。

b.可再生能源利用。

一些内陆航运项目采用可再生能源,如太阳能或风能,降低能源成本,同时提高环境可持续性。

3）环境可持续性

a.生态保护。

内陆航运通常比公路运输对生态环境的影响更小。通过水域运输可以减少土地使用,减少森林砍伐和土地开发的需要。

b.水资源管理。

水道的维护需要对水资源进行管理和监测,这有助于维护水资源的可持续性,同时保护水生生态系统。

4.水力发电

水利工程的修建可能会导致河流上、下游落差增大,所储备的水资源可以通过修建水力发电厂的形式,将水的势能转化为电能。水力发电是一种高效、无污染的清洁发电方式,可以减少人类对化石能源的需求,促进环境保护。

1)清洁能源

零排放:水力发电是一种零排放的能源形式,不会产生二氧化碳或其他温室气体排放物。这对应对气候变化问题至关重要,有助于减缓全球变暖。

无污染:与燃煤或核能等其他发电方式相比,水力发电不会产生有害废弃物或放射性废料,因此对环境的污染更小。

2)高效能源

能源转化率高:水力发电的能源转化率通常很高,因为水的势能可以高效地转化为电能。这意味着在发电过程中,浪费的能量较少。

可预测性:水力发电通常具有较高的可预测性,因为水流受季节和降水的影响。这有助于电力系统的稳定运行。

3)资源可再生性

水资源再生:水是可再生资源,因此水力发电不会枯竭,可长期持续供应电能。

灵活性:水力发电可以根据电力需求进行调整,这在满足尖峰用电需求时非常有用。

(二)水利工程建设对于生态环境可持续发展的积极影响

1.调蓄洪水

河流生态系统对于洪水的调蓄起到了重要作用,水利工程如堤坝、水库都能够调节水量、削弱洪峰,将短时间内剧增的水量滞后释放出去,削弱洪水的危害,减少突降暴雨引发洪水所带来的经济损失。一些储水能力较强的生态环境,如湿地、沼泽、大面积的植被区同样能够起到一定的固水、储水作用。

2.物质输送

河流生态系统在流动过程中挟带了泥沙,这些泥沙在入海口处与海水相冲击形成三角洲,保护了入海口处的土地可以免受海浪的侵蚀,能够逐渐形成陆地。同时,河流中存在的生物营养物质包含生命所需的氮、磷、钾等元素,可以帮助实现全球的物质循环,在入海口处提供了大量的营养物质,养活了无数的水生物。

3.储蓄水源

河流生态系统可以储存大量的天然水源,这些淡水资源一方面可以在枯水期对下游河流补充水分,同时能够保证地下水的水位;储存的水源还可以直接用于农业生产和居民生活,提高人类生活的便利程度。

4.保持水土

河流生态系统中挟带了大量泥沙,这些泥沙可以巩固河流沿岸的土壤,可以防止土地退化。

5.净化环境

河流生态系统可以实现对空气、水质的净化功能,保持局部范围内的生态环境和气候环境。河流生态系统内包含大量的植物,这些植物通过光合作用可以吸收空气内部的二氧化碳,提高空气内氧气含量。同时,河流水体表面蒸发的水分可以提高周围环境的空气湿度,可以将空气中的固体颗粒吸收到物体表面,净化空气。河流生态系统内的水生生物可以通过消化、分解等方式将一些有毒、有害物质分解成对环境没有影响的基本元素。

6.维持物种多样性

河流生态系统包含了陆地河岸生态、湿地及沼泽生态等多种生态系统,可以为大量水生动物、植物,如鱼类、两栖动物、浮游生物、微生物等提供生存环境,保持地球的物种多样性。

(三)水利工程对河流生态系统服务功能的影响

修建水利工程会导致河流生态系统非生物影响因素的改变,进而引起生物影响因素的改变,导致整个河流生态系统服务功能的改变。

1.非生物影响因素对河流生态系统服务功能的影响

1)水文变化对河流生态系统服务功能的影响

水文变化包括流量、水位的变化,水利工程的建设会人为导致河流原有流量调节模式受到影响,水坝可以调节河流生态系统的蓄水能力,减少水文极端变化的情况,调节河流以及地下水水位,上游地下水水位会上升,下游地下水补给减少,因此水位降低显著,会引起河流生态系统服务功能的变化。

2)水质变化对河流生态系统服务功能的影响

一方面,会影响水体自身的净化能力,某些情况下还会导致水体散发臭味,影响空气质量;另一方面,水中微量元素的变化会导致生态系统中原有物种发生改变,一些不适应新环境的生物其生长繁殖可能会因此受到影响,生物多样性会受到负面影响。

3)泥沙、河道、河床、河口等变化对河流生态系统服务功能的影响

水利工程会影响河流中挟带泥沙的运动,原本会被水流挟带到河流中下游或者是入海口附近,由于水利工程的兴建,大量泥沙会被截留在水坝等水利工程上游,影响了河道、河床和河口的变化。

2.生物影响因素对河流生态系统服务功能的影响

水利工程的建设会影响非生物因素的改变,进而引起生物因素的改变。河流生态系统的变化会导致生态系统内水生植物种类的变化,影响水生植物的栖息、繁衍方式,扩大了水体面积,促进了水鸟等生物的繁衍,也提供了更大的水产养殖空间;水利工程的建设会影响周围植被,影响环境对二氧化碳的光合作用。河流生态环境内的生物包含大量的营养元素,这些营养元素在环境内不断循环、转化。水利工程所导致的非生物与生物环境的变化,也会对营养元素的循环产生影响。

(四)水利工程建设对生态环境可持续发展的消极影响

一般在水坝等水利工程中,会人为地将河流中的水储存在水坝上游,对河流水流量起到调节作用,形成一部分较大面积的静态水域,这部分水域的生态环境与流动水域不同,更容易受到阳光及周围生态环境的影响,导致其生态环境与自然河流的生态环境特点不同,可能会对生态环境造成消极影响。

1.静态水域的温度变化

由于自然河流处于流动状态,因此河流中不容易形成明显的温度分层,但是水库中的

水温,会伴随季节以及水深的变化存在明显的温度分层现象,且不同温度层中的水质也存在明显差别。比如在水库的深层水域中,由于水体本身基本不存在流动,因此该处水温一般较低,含氧量较少,水的浑浊度也较高。静态水域的生物分布相较于普通河流来说也较为明显。

2.水利工程对周围土地及建筑的毁坏

水利工程的建设淹没了大量的居民生活区,以及周围的一些名胜古迹,对于周围的景观、自然文化遗产、人文文化遗产都有一定的破坏,也影响了水库周围的生物栖息地及生物种类。如果不能够严格控制水位,可能会对周围居民区及物种多样性产生负面影响。

3.水利工程对环境因素的影响

水库在储蓄水资源的同时还会影响周围地区的地下水水位、地质结构,以及局部范围内的气候状况,如果不考虑周围生态环境任意修建水利工程可能会引发地震、山体滑坡等自然灾害,因此在兴建水利工程时必须对工程项目进行严格评估,并对方案进行适当调整,尽可能减少对生态环境的影响,在保证生态环境的基础上,提高其使用价值。

4.水利工程对生物生态环境及习性的影响

水利工程的建设势必会造成地形的变化,影响原有生物的自然习性和生存范围,水库的兴建会导致一些洄游生物无法回到上游产卵,造成生物习性的改变,或者是一些生物的栖息地彻底被水库淹没,导致其对周围居民的生活产生影响。

第二节　水利工程技术创新与应用

一、水利工程技术创新的重要性

技术创新在实现水利工程可持续发展中扮演着关键角色。它可以提高水资源管理的效率、降低对生态环境的负面影响、提供更加可靠的水利设施和工程,从而为可持续发展目标提供支持。

(一)提高水资源管理效率

技术创新可以提高水资源管理的效率,确保水资源的合理分配和利用。

1.智能水资源管理系统

利用传感器、远程监测和数据分析技术,可以实现对水资源的实时监测和管理,从而更好地应对气候变化、干旱和洪水等极端情况。

1)智能水资源管理系统的工作原理

智能水资源管理系统的工作原理是通过网络连接的传感器、监测站点和数据中心,实现对水资源的全面监测和实时数据收集。以下是智能水资源管理系统的主要工作步骤。

a.传感器和监测站点部署。

在水资源关键点部署传感器和监测站点,包括水源、河流、湖泊、水库、地下水位和水质监测点。这些传感器可以测量水位、水质、温度、气压和降水等关键参数。

b.数据采集与传输。

传感器实时采集数据,并通过互联网或其他通信技术将数据传输到中央数据中心。

这使得数据可以实时获取,而不受地理位置的限制。

c.数据存储和处理。

数据中心接收、存储和处理传感器生成的数据。这些数据可以进行分析、建模和可视化,以便更好地理解水资源的状态和趋势。

d.实时监测与警报。

基于数据分析和建模的结果,系统可以提供实时监测和警报。当水资源的状态发生异常或接近危险阈值时,系统会自动发出警报,通知利益相关者采取行动。

2) 智能水资源管理系统的关键组成部分

智能水资源管理系统包括多个关键组成部分,以确保其有效运行和可靠性。

(1)传感器技术。传感器是系统的核心组件,用于实时监测水资源的各种参数。传感器技术的不断发展和改进使得系统可以更精确地测出水位、水质和其他关键参数。

(2)远程监测和通信技术。远程监测和通信技术使得数据可以实时传输到中央数据中心,包括卫星通信、物联网技术和移动应用程序。

(3)数据分析和人工智能技术。数据分析和人工智能技术用于处理和分析传感器生成的海量数据。这些技术可以检测趋势、模拟未来情景,并自动触发警报,以改善水资源的管理和预测极端事件。

(4)数据中心和云计算技术。数据中心和云计算技术用于存储、管理和处理大规模的数据。云计算技术可以提供强大的计算能力,以应对复杂的数据分析需求。

(5)用户界面和可视化工具。用户界面和可视化工具是与系统互动的接口,它们使用户能够轻松访问和理解数据,包括移动应用程序、网络仪表板和数据可视化工具。

3) 智能水资源管理系统的潜在价值

智能水资源管理系统在可持续水资源管理中具有潜在的重要价值。

(1)实时决策支持。系统提供实时数据和警报,帮助政府、水资源管理机构和企业及时做出决策,包括应对干旱、洪水、水质问题和紧急情况的决策。

(2)资源优化。通过数据分析和模型预测,系统可以帮助优化水资源的分配和利用。这有助于减少浪费、提高效率,特别是在农业、工业和城市用水中。

(3)灾害管理。系统可以提供洪水、风暴潮和干旱等极端气候事件的早期警报,有助于实施紧急灾害管理计划和减少损失。

(4)生态保护。智能水资源管理系统有助于监测和保护生态系统,包括湖泊、河流和湿地。这对于维护生态多样性和野生动植物的栖息地至关重要。

4) 智能水资源管理系统应对极端气候事件

极端气候事件如干旱、洪水和风暴对水资源管理构成了严重挑战。智能水资源管理系统可以帮助应对这些挑战。

(1)干旱管理。系统可以监测水源和地下水位的变化,提供早期干旱警报。这有助于采取节水措施、实施紧急供水计划和支持农业。

(2)洪水管理。通过实时监测降水量和水位,系统可以提供洪水预警,帮助居民疏散并减少洪水带来的损失。

(3)风暴潮和海平面上升。系统可以监测海洋条件和海平面上升,提供风暴潮警报,有助于沿海地区及时采取应对措施。

智能水资源管理系统通过应用现代技术,实现了水资源的实时监测、数据分析和决策支持。这对于应对气候变化、极端气候事件和水资源管理中的挑战至关重要。未来的技术创新和系统扩展将进一步提高智能水资源管理系统的效率和可靠性,从而促进水资源的可持续管理和保护。该系统的潜在价值在于提高生活质量、保护生态系统和实现可持续发展目标。

2.水资源模型和预测

数值模型和预测工具可以帮助预测水资源供应、需求和水质变化,为决策制定提供科学依据。

1)水资源模型的原理

水资源模型是一种数学工具,它基于一系列的方程和参数来描述水资源系统的运行和变化。这些模型通常包括以下主要组成部分。

(1)水文模型。水文模型用于模拟降水、径流、蒸发和土壤水分的变化。这些模型可以分析流域的水循环过程,帮助理解水资源的分布和变化。

(2)水资源利用模型。水资源利用模型用于描述水资源的开发和利用情况,包括灌溉、供水和发电等方面。这些模型可以帮助决策者优化水资源的分配和利用方式。

(3)水质模型。水质模型用于模拟水体的污染过程,包括模拟溶解物质、悬浮物质和生物污染物等。这些模型可以帮助监测和改善水质。

2)水资源预测工具的原理

水资源预测工具是一种将历史数据和模型结合起来,用于预测未来水资源变化的工具。这些工具通常包括以下主要组成部分。

(1)数据采集与监测。水资源预测工具依赖大量的数据,包括气象数据、降水数据、河流流量数据、水质数据等。这些数据通过传感器和监测设备来采集,并传输到预测系统中。

(2)数值模拟。数值模拟是水资源预测的核心。基于历史数据和水资源模型,数值模拟可以预测未来的降水情况、河流流量、水位、水质等参数。

(3)模型校准与验证。为了提高预测的准确性,模型需要不断地校准和验证。这通常涉及与实际观测数据的比对,以确定模型的性能和可靠性。

3)水资源模型和预测工具的应用领域

水资源模型和预测工具在多个领域中得到广泛应用。

(1)水资源规划与管理。水资源模型可以帮助政府和水资源管理机构制定长期的水资源规划和管理策略。通过模拟不同的水资源管理方案,决策者可以评估其对水资源供应、生态环境和社会经济的影响,从而做出明智的决策。

(2)洪水预警与管理。在洪水预警和管理方面,水资源预测工具可以实时监测降水情况、河流水位和流量,预测洪水的发生概率和影响范围。这有助于及时采取紧急措施,保护人民的生命和财产安全。

(3)农业和灌溉管理。农业是全球最大的水资源消耗行业。水资源模型和预测工具可以帮助农民优化灌溉计划,根据降水和土壤湿度等因素来决定何时、何地和用多少水灌溉,从而提高农作物产量,减少浪费。

(4)水质监测与改善。水质模型和预测工具可以用于监测水体的污染情况,并帮助制订水质改善计划。通过模拟不同的污染控制措施,可以评估其对水质的影响,以保护水体生态系统和饮用水安全。

水资源模型和预测工具是水资源管理的重要组成部分,它们通过模拟和预测水资源的供应、需求和水质变化,为决策制定提供了科学依据。随着技术的不断发展和应用领域的扩展,这些工具将在未来继续发挥关键作用,帮助人们更好地管理和保护宝贵的水资源。

(二)降低对生态环境的负面影响

水利工程常常涉及对自然河流和湿地生态系统的干预。技术创新可以帮助减少对生态环境的不利影响,包括以下几个方面。

1.生态通道和通行设施

设计和建设生态通道,帮助鱼类和其他野生动植物迁徙,维护生态多样性。

1)生态通道的定义和分类

生态通道,又称野生动植物通道或迁徙走廊,是一种人为设计和构建的自然或半自然通道,旨在帮助野生动植物跨越人类活动区域,包括道路、城市、农田和水域等。生态通道的设计目标是减少人类活动对野生动植物迁徙的阻碍,从而维护生态多样性。

根据其设计和功能,生态通道可以分为以下几类:

a.陆地生态通道。

陆地生态通道通常位于陆地生态系统中,用于帮助哺乳动物、爬行动物和两栖动物等跨越公路、铁路和穿过城市等障碍。

b.水生生态通道。

水生生态通道设计用于水域和湿地生态系统,以帮助水生动植物如鱼类、水禽和两栖动物完成迁徙和洄游。

c.空中生态通道。

空中生态通道是一种新兴的概念,旨在帮助飞行动物如鸟类和蝙蝠跨越城市和人类活动区域,通常通过建设特殊的飞行通道或绿化屋顶来实现。

2)生态通道的设计原则

a.连通性。

生态通道必须具备连通性,能够将生态系统的不同部分连接起来,使野生动植物能够安全地迁徙和交流。

b.多样性。

设计生态通道时应考虑多样性,以满足不同物种的需求。不同物种可能需要不同类型的通道,包括陆地、水域和空中通道。

c.可持续性。

生态通道的设计和管理应考虑可持续性,包括生态系统的长期健康和通道的持续维护。

3）生态通道的建设方法

a.土地规划和保护。

生态通道的建设通常需要土地规划和保护措施,确保通道的连通性不会受到未来发展的威胁。

b.结构和植被设计。

生态通道包括桥梁、隧道、水下通道,以及植被覆盖的走廊。这些结构和植被的设计应根据目标物种的需求而定。

c.监测和管理。

生态通道的有效性需要定期监测和管理。具体包括采用摄像头、传感器和野外观察等方法,以跟踪野生动植物,同时采取必要的维护和修复措施,确保通道的功能不受损害。

4）生态通道的重要性

a.维护生态多样性。

生态通道的存在可以促进野生动植物的迁徙,防止物种隔离和基因流失。这有助于维持生态多样性,保护濒危物种,促进生态系统的健康。

b.降低动物伤亡率。

生态通道可以降低野生动物在穿越道路时的死亡率。通过提供安全的通道,野生动植物能够避免与车辆相撞,降低了道路伤亡的风险。

c.生态系统服务。

生态通道有助于维持生态系统的完整性和功能,提供生态系统服务,如水资源保护、土壤保持和疫病控制。

2.可持续岸线管理

新型岸线工程技术可以减少滨海地区的侵蚀,保护河口和海岸生态系统。

1）海堤建设

海堤是一种常见的岸线工程,它可以抵御海浪侵蚀,减轻风暴引起的海岸线退缩。海堤通常由混凝土、岩石或沙土构建,形成一道屏障,保护内陆区域免受海水侵袭。

传统的海堤设计常常会对沿岸生态系统产生不利影响,如破坏栖息地和阻碍鱼类迁徙。新型海堤设计采用生态工程原则,包括为海堤增加植被、设置人工沙滩、创造洞穴等,以减少对生态系统的负面影响。

2）沙丘恢复

沙丘是海岸线生态系统的关键组成部分,它们有助于保护河口、过滤水质和提供栖息地。然而,人类活动和气候变化常导致沙丘的侵蚀和破坏。

沙丘恢复技术可以增加沙丘的稳定性,提高其对风暴的抵抗力。

3）人工珊瑚礁

珊瑚礁是滨海地区生态系统的关键组成部分,它们不仅提供栖息地,还支持渔业和旅游业。然而,全球气候变化和海洋酸化威胁着自然珊瑚礁的健康。

人工珊瑚礁是一种保护和恢复珊瑚礁的工程技术。通过将人工结构物植入海底,提供珊瑚生长所需的基础。这些结构物通常由生物相容材料构建,以模仿自然珊瑚的外观和功能。人工珊瑚礁的建设可以增加栖息地数量,提供避风港,促进海洋生物多样性的恢复。

3.生态修复技术

利用植被恢复、湿地恢复和河道重建等技术,修复受损的水生生态系统。

1)植被恢复

植被在水生生态系统中起着至关重要的作用。水生植被不仅可以维持水体的水质,还为野生动物提供栖息地。然而,由于过度开发和水污染等因素,许多水生植被已经受到了破坏。

植被恢复技术是通过重新引入适应当地环境的植物物种来修复受损的水生植被。这些技术包括湿地植被的重新种植、水生植物的转移和控制外来物种的扩散等。植被恢复技术有助于恢复水生生态系统的结构和功能。

以美国恢复湿地为例,采用植被恢复技术,成功地修复了受损的湿地生态系统。通过重新引入当地湿地植物物种,恢复了湿地的水质和生物多样性。这样不仅改善了生态系统的健康状况,还提供了重要的野生动植物栖息地。

2)湿地恢复

湿地是地球上最具生产力的生态系统,具有过滤水质、减轻洪水和提供栖息地的功能。然而,湿地也是受威胁最严重的生态系统,因为它们常常被开发为农田或城市建设用地。

湿地恢复技术旨在修复受损的湿地生态系统,以恢复其生态功能。这些技术包括湿地的重建、水质改善和植被恢复。湿地恢复技术可以改善水质、控制洪水和维护生物多样性。

通过湿地的重建,成功地修复了一些受损的湿地生态系统。这些重建项目包括恢复湿地的水文条件、重新引入当地湿地植物和控制水质。这些努力改善了湿地的健康状况,并提供了重要的生态服务,如洪水控制和栖息地保护。

3)河道重建

河道是水生生态系统的核心组成部分,它们在水循环、物质运输和生物栖息地方面发挥着关键作用。然而,过度开发、水污染和河道改道等问题对河道造成了严重影响。

河道重建技术旨在修复受损的河道生态系统,以恢复其水文和生物学功能。这些技术包括河道修复、岸线稳定和水质改善。河道重建可以改善水质、提供栖息地和恢复水文条件。

以澳大利亚的一项河道修复项目为例,通过采用河道重建技术,成功地修复了受损的河道生态系统。该项目包括修复河岸、恢复水流的自然流动、控制河岸侵蚀和改善水质。这些措施改善了河道的生态功能,提高了水质,同时减少了洪水风险。

(三)提供更可靠的水利设施和工程

技术创新可以改进水利工程的设计、建设和维护,以提供更可靠的水资源基础设施。

1.抗灾性设计

结构抗震设计、洪水预警系统和堤坝安全监测技术可以提高水利工程的抗灾能力,降低自然灾害风险。

1）结构抗震设计

地震是最具破坏性的自然灾害之一。对于位于地震活跃区域的水利工程来说，抗震设计至关重要。技术创新在地震工程领域取得了显著进展。现代的结构抗震设计采用了先进的材料和建筑技术，以提高水坝、水库和其他水利设施的抗震性能。例如，采用高性能混凝土、基础隔震技术和结构监测系统可以大大降低地震对水利工程的损害风险。

2）洪水预警系统

洪水是一种严重的自然灾害，对水资源基础设施造成了巨大的威胁。技术创新在洪水预警系统方面具有重要意义。现代洪水预警系统利用卫星遥感、气象数据和数值模型来实时监测降水情况和河流水位。这些系统可以提前预警洪水风险，使相关部门能够采取紧急措施，减少损失。

3）堤坝安全监测技术

水坝和堤坝是水利工程中的重要组成部分，但它们需要不断地监测和维护，以确保其安全性。传感器技术和远程监测系统的创新使工程师能够实时监测堤坝的状态，包括温度、位移、应力等。一旦发现异常，可以采取及时的修复措施，确保堤坝的稳定性。

2.水质治理技术

新型水处理和净化技术有助于改善水质，确保饮用水和工业用水的质量。

1）新型水处理技术

提供高质量的饮用水是水资源管理的关键任务之一。传统的水处理方法通常涉及化学处理和沉淀过程。然而，新型水处理技术的出现正在改变这一格局。膜分离技术、紫外线消毒和高级氧化过程等新兴技术可以更有效地去除水中的污染物，提供更干净、更安全的饮用水。

2）水质监测和数据分析

现代水质监测技术使水资源管理者能够实时监测水体的质量。传感器网络、水质传感器和远程数据传输技术可以提供有关水体状况的详细信息。这些数据不仅可以用于及时响应水质问题，还可以用于预测水质变化趋势。数据分析和人工智能技术的应用使水质监测变得更加智能化，有助于提前识别潜在的水质问题，采取相应的措施，确保水资源的安全和可靠性。

3.可持续能源生产

水力发电和潮汐能等与水资源相关能源的开发可以为清洁能源的生产提供机会。

1）水力发电

水力发电是一种利用水资源的清洁能源生产方式。通过技术创新，可以改进水力发电厂的设计和效率。例如，新型涡轮机设计和可调节水位控制系统可以提高水力发电的能效。此外，小型水力发电项目的推广也有助于分散能源生产，减少对化石燃料的依赖。

2）潮汐能

潮汐能是一种相对稳定的可再生能源，通过潮汐涌浪的运动来产生电力。技术创新在潮汐能领域具有重要潜力。新型潮汐涡轮设计和潮汐能装置的部署方法正在不断改进，以提高能源转化效率。此外，潮汐能与其他可再生能源（如风能和太阳能）的集成也被广泛研究，以实现能源的多样化和可持续性。

二、水利工程技术创新的领域

(一)高效用水技术

高效用水技术包括节水灌溉系统、工业用水的循环利用、城市用水的管理等,以减少农业、工业和城市用水的浪费。

1.节水灌溉系统

农业用水在全球用水中占据重要地位,而传统灌溉系统常常存在浪费问题。因此,发展高效的节水灌溉系统至关重要。

1)传感器技术的应用

农业用水是全球用水的主要消耗行业之一,然而,传统的灌溉系统在灌溉过程中通常存在诸多浪费,如过度灌溉或不及时的灌溉。为了提高农田的用水效率,传感器技术的应用成为一种关键的解决方案。

土壤湿度传感器是一种用于测量土壤湿度和含水量的设备。通过将这些传感器安装在农田中,农民可以实时监测土壤中的水分状况。这些数据可以用来确定何时进行灌溉及需要的水量。除了土壤湿度,气象条件也对农田的灌溉需求产生重要影响。气象传感器可以监测温度、湿度、风速等气象因素,从而帮助农民更好地了解环境条件,调整灌溉计划。

2)滴灌和喷灌系统

滴灌系统是一种高效的灌溉方式,它通过在作物根部滴水,将水直接输送到植物需要的地方。相比于传统的灌溉系统,滴灌系统减少了水资源的浪费,因为它可以精确控制每棵植物的水分供应。

喷灌系统使用喷头将水雾化,均匀地覆盖在农田上。这种系统比传统的灌溉系统更加高效,因为它可以减少水的流失和蒸发。此外,喷灌系统还可以在干旱地区提供降温效应,有助于提高作物的生长效率。

3)节水灌溉系统的优势

通过传感器、滴灌和喷灌系统等节水灌溉技术的应用,农民可以更加精确地控制灌溉过程,减少过度灌溉,提高用水效率。传统的灌溉系统常常导致水资源的浪费,而节水灌溉系统可以显著减少浪费,确保水资源得到充分利用。过度灌溉可能导致土壤盐分累积和水质恶化,而节水灌溉系统有助于减轻这些问题,有利于土壤和水质的保护。

传感器、滴灌和喷灌系统等技术的综合应用可以提高用水效率,减少浪费,同时保护土壤和水质。这些技术的采用将有助于应对全球水资源紧缺问题,实现农业生产的可持续。

2.工业用水的循环利用

工业部门在用水中起着重要作用,而水的循环利用可以减少工业生产中的浪费。

1)污水处理与回用

污水处理技术。工业废水通常包含各种有机和无机物质,因此需要经过一系列的污水处理过程,以去除污染物并提高水质。这些技术包括物理、化学和生物处理方法,如沉淀、过滤、生物处理和高级氧化等。

回用技术。经过适当处理的工业废水可以再次用于工业生产过程中。回用技术包括微滤、反渗透、紫外线消毒等,以确保水质符合生产需求。回用废水不仅减少了对新鲜水资源的需求,还减少了对环境的污染。

2)零排放制造

零排放制造是一种先进的工业生产模式,旨在最小化废物和污染物的排放。这意味着生产过程中的所有废物都要被最大限度地减少、回收或再利用。

在零排放制造中,水资源的循环利用是一个重要组成部分。工业企业通过采用封闭式循环系统,将废水再次用于生产过程中,最大限度地减少了对新鲜水的需求。

通过污水处理与回用及零排放制造等技术和方法的应用,工业企业可以减少对新鲜水资源的依赖,降低环境污染,实现可持续的生产模式。这对于维护环境健康、遵守法规及节约成本都具有重要意义。

3.城市用水的管理

城市是用水的主要消耗者,因此城市用水的高效管理至关重要。

1)智能水表和监测系统

(1)智能水表的应用。智能水表采用先进的传感技术,可以精确测量市民用水量。这些水表能够实时传输用水数据到城市的监测系统中,为城市管理者提供准确的用水信息。通过这些数据,政府能够更好地了解用水模式、高峰用水时段及潜在的漏水问题。

(2)监测系统的功能。城市用水监测系统不仅是收集数据的工具,还具备数据分析和决策支持的功能。它可以分析历史用水数据,预测未来用水需求,并提供实时警报,以帮助城市管理者更好地规划和管理用水资源。此外,监测系统还可以与市民和企业互动,通过智能手机应用提供用水建议和反馈。

2)植被覆盖和绿色基础设施

城市植被覆盖包括公园、绿地、树木和草坪等绿色空间。这些绿色空间在城市雨水管理中起着至关重要的作用。植被能够吸收和减缓降水,减少雨水径流的速度和流量,从而降低城市发生洪水的风险。

城市可以通过建设绿色基础设施,如雨水花园、雨水桶和人工湿地,来改善雨水管理。这些基础设施可以捕获雨水、减少雨水径流,并将雨水逐渐释放到地下水系统中,有助于维护城市的水平衡和生态平衡。

智能水表和监测系统可以帮助政府更好地了解和管理用水资源,而植被覆盖和绿色基础设施则有助于改善城市的雨水管理和生态环境。这些措施不仅有助于节约用水,还能提高城市的防洪能力和市民的生活质量。

(二)水资源模拟与预测技术

水文模型等技术能实现对水资源供需的精确管理,提前应对干旱和洪水等极端事件。

1.水文模型的应用

水文模型是水资源管理中的关键工具。它们基于气象数据、地形信息和水文数据,可以模拟水文循环过程,包括降水、径流、蒸发和地下水补给。水文模型的应用可以帮助预测未来的水资源供应情况,提前警示可能发生的干旱或洪水事件。

1) 水文模型的基本原理

水文模型是数学和物理方法的组合,旨在模拟和分析水文过程。这些模型基于以下原理:

(1) 气象数据。水文模型使用气象数据,包括降水量、温度、风速等,来估算降水和蒸发等气象事件。

(2) 地形信息。地形数据用于确定水流方向、流速和水文循环中的地形特征,如山脉、河流和湖泊。

(3) 水文数据。水文模型使用地下水位、河流流量、湖泊水位等水文数据,以跟踪和模拟水资源的动态变化。

2) 水文模型的应用领域

水文模型在多个领域具有广泛的应用,包括但不限于:

(1) 水资源管理。水文模型可用于估算地区内的水资源供应和需求,帮助决策者合理分配水资源,确保供水的可持续性。

(2) 洪水预测。通过模拟降水和径流过程,水文模型可以提前警示洪水事件,帮助当地采取紧急措施,减少损失。

(3) 干旱监测。水文模型可跟踪地下水位和土壤湿度,提供干旱指标,帮助农业和城市应对干旱情况。

(4) 水质管理。水文模型可预测水体中的水质变化,帮助监测水污染和采取适当的治理措施。

3) 水文模型的创新

尽管水文模型在水资源管理中的应用广泛,但仍存在一些挑战,包括数据不足、模型不确定性和气候变化对模型的影响。因此,技术创新和数据收集是必要的。

水文模型作为水资源管理和极端事件预测的重要工具,发挥着关键作用。通过基于气象数据、地形信息和水文数据的模拟,水文模型有助于预测水资源供应、洪水和干旱等事件。然而,模型的应用需要不断改进和优化,以便更好地满足不断变化的水资源管理需求。水文模型的发展和应用是实现水资源可持续管理的重要一步。

2. 水资源需求预测

随着城市的不断扩展和工业的发展,对水资源的需求不断增加。水资源模拟技术可以用于预测未来的用水需求,帮助政府和水资源管理机构规划和管理用水资源,包括农业、工业、城市供水和生态环境的用水需求。

农业是全球用水最多的领域。农业用水需求的预测涉及多个因素,包括降水情况、土壤类型、作物类型和灌溉技术等。水资源管理者可以借助地理信息系统和气象数据来预测农业用水需求。此外,基于历史数据和农业实践的统计模型也可以用于预测未来的农业用水需求。

工业部门对水资源的需求通常与生产规模和工艺有关。预测工业用水需求需要考虑工业产能的增长、工艺技术的改进及废水处理等。基于企业报告和生产计划的数据分析及行业水平的统计数据可以预测工业用水需求。

城市供水是水资源需求的一个重要组成部分。城市人口的增加和城市化进程对城市供水系统提出了挑战。城市供水需求的预测需要考虑人口增长率、居民用水习惯、水资源管理政策等因素。时间序列分析和模型预测可以用于城市供水需求的估算。

生态环境保护对于水资源管理至关重要。河流、湖泊和湿地等生态系统对水资源的需求得到合理满足。水资源管理者可以利用生态学模型和环境监测数据来预测生态环境的用水需求，以维护生态平衡。

3.干旱和洪水预警

气候变化导致极端气象事件的增加，如干旱和洪水。水资源模拟与预测技术可以用于监测气象数据和水文数据，提前发出干旱或洪水预警，使政府和居民能够及时采取措施来减轻灾害的影响。

1）气象监测和数据分析

气象监测网络的建设是干旱预警的关键，包括气象站、卫星遥感和气象雷达等工具，可以实时监测降水、温度和湿度等气象数据。同时，气象数据的分析也是预警的一部分，通过建立气象指标和干旱指数，可以及早识别干旱迹象。

对于洪水预警，同样需要建立完善的气象监测系统。监测降水强度、降水分布和河流水位等数据对于洪水的预测至关重要。先进的气象雷达和卫星技术可以提供高分辨率的数据，帮助预测洪水的发生时间和地点。

2）水资源模拟与预测技术

水资源模拟技术可以利用气象数据、土地利用数据和水文数据来模拟水资源的变化。通过建立水文模型和水资源模拟系统，可以预测未来干旱的可能性和影响。这些模型可以帮助政府和水资源管理部门制定应对干旱的紧急措施。

洪水预警系统通常基于实时水文监测数据和水文模型。当监测数据显示河流水位急剧上升或达到危险水平时，系统会发出警报。水文模型可以模拟降水引发的洪水过程，提前预测洪水的规模和范围，帮助人们采取紧急疏散和保护措施。

干旱和洪水预警系统已经在全球范围内得到广泛应用，但仍然存在挑战。数据收集和监测设施的建设需要巨大的投资，维护和更新也是一项长期任务。此外，气象和水文数据的准确性对于预警的可靠性至关重要，因此数据质量的保障也是一项挑战。

4.跨界水资源管理

一些水资源横跨多个国家或地区，因此跨界水资源管理成为一项复杂的任务。水资源模拟技术可以帮助不同国家或地区的政府协调管理共享的水资源，确保公平和可持续利用。

1）跨界水资源管理的挑战

跨界水资源管理面临多种挑战，包括以下几个方面：

（1）国际法律和政策。不同国家或地区之间的法律、政策和立场差异可能导致管理冲突和纠纷。

（2）数据不足。水资源跨界意味着需要收集和共享大量的水文和气象数据，但数据不足和不一致性是常见问题。

（3）气候变化。气候变化对水资源的影响不断加剧，可能导致水资源的不稳定性和不确定性。

（4）社会经济需求。不同国家或地区对水资源的需求可能不同,涉及农业、工业、城市供水等各个领域。

2）水资源模拟技术的应用

（1）数据整合与分析。水资源模拟技术可以整合不同国家或地区的水文和气象数据,建立共享的数据库。这有助于各方了解水资源的现状和趋势。

（2）决策支持。水资源模拟技术可以为决策制定提供数据支持。通过建立水资源模型,可以模拟不同管理方案对水资源的影响,帮助各国或地区协调决策。

（3）风险评估。模拟技术还可以用于风险评估,包括洪水和干旱的潜在风险。这有助于制订紧急响应计划和减轻风险。

（三）生态恢复技术

生态恢复技术如湿地修复、鱼类通道建设、水体生态补偿等,有助于减轻水利工程对生态系统的破坏。

1.湿地修复

湿地是地球上生态最丰富的生态系统,对水资源保护和维护生态平衡至关重要。然而,许多水利工程项目会破坏湿地生态系统,导致生态系统的崩溃。湿地修复技术旨在恢复和改善受损湿地的生态功能。

1）湿地修复的重要性

湿地具有以下重要功能:

（1）生态多样性维护。湿地被认为是地球上最具生态多样性的生态系统。它提供了各种生态位和栖息地,适合不同种类的野生动植物生存和繁衍。湿地是水鸟、湿地植物、昆虫、鱼类和其他野生动物的栖息地,这些物种在湿地中形成了复杂的食物链和生态系统。通过湿地修复,我们可以维持和促进这些珍贵的生态多样性,有助于保护濒危物种和生态平衡。

（2）水质净化。湿地被称为"自然的水过滤器",因为它可以有效净化水体。湿地中的湖泊、沼泽和湿地植被能够过滤和去除水中的污染物,包括有机物、氮、磷、重金属等。这些污染物可能来自农业、工业和城市排放,如果不被净化,将对水质和生态系统造成危害。湿地修复可以净化水质,确保水资源的质量得到改善,同时为人类提供更清洁的饮用水和农业用水。

（3）洪水调节。湿地在洪水调节方面发挥着重要的作用。它们能够吸收和储存大量降水,特别是在雨季或大范围降水事件发生时。通过这种作用,湿地可以减缓洪水的发生,降低洪水威胁。湿地充当了自然的缓冲区,吸纳了过剩的水,防止洪水泛滥并将水流分散到周边地区,降低了洪水的危害程度。

2）湿地修复技术

湿地修复技术包括:

（1）湿地植被恢复。湿地植被恢复是通过重新引入本地湿地植被来提高湿地的生态系统稳定性的一种技术。具体包括种植湿地特有的植物、恢复湿地植被的多样性,以及消除外来入侵物种。湿地植被在湿地生态系统中起着至关重要的作用,它们提供食物和栖息地,帮助维持湿地的生态平衡。

（2）水位管理。湿地的水位管理是通过调整水位来模仿自然水循环,恢复湿地的水文条件。具体包括恢复湿地的水位变化模式,使其更符合自然情况。通过控制水位,可以重建湿地的水文特征,有助于恢复湿地的功能,如洪水调节和水质净化。

（3）污染控制。湿地被广泛认为是自然的污染控制系统。通过湿地修复,可以利用湿地的吸附、沉降和微生物降解作用去除水中的污染物。具体包括有机物、氮、磷和重金属等污染物。湿地的污染控制功能有助于提高水体的质量,减少污染对生态系统和人类健康的威胁。

（4）栖息地管理。湿地修复技术还包括创建和维护野生动植物的栖息地,以促进生物多样性。具体包括保护湿地中的巢穴和繁殖地,提供食物资源,以及确保迁徙路线的通畅。通过栖息地管理,湿地可以成为各种野生动物的理想栖息地,促进了生态系统的复苏。

湿地修复不仅有助于恢复生态平衡,还可以提高水利工程的效率,减轻洪水风险,改善水质,促进生态旅游等。

2.鱼类通道建设

河流生态系统与鱼类通道密切相关。然而,许多水利工程项目可能对河流生态系统产生不利影响,尤其是给鱼类迁徙造成阻碍。鱼类通道建设技术旨在恢复和维护鱼类迁徙通道,以保护重要的渔业资源和维护生态平衡。

1）河流生态系统与鱼类通道

河流生态系统作为一个综合复杂的生态系统,涉及水质、栖息地、食物链等多个方面的复杂互动。这些互动关系影响了河流生态系统的健康和稳定性,对维持地球生态平衡具有至关重要的作用。

（1）水质与生态系统互动。水质是河流生态系统中的一个基本要素,直接影响其中的生物多样性和生态过程。水中的各种物质、氧气含量、酸碱度等因素都会影响水中生物的生存和繁殖。例如,水中过多的污染物质、化学物质或有害废物会危及鱼类和其他水生生物的健康。同时,水中的溶解氧含量对于水中生物的呼吸至关重要。生态系统中的一些物种对于水质的敏感性使它们成为水质变化的敏感指标,可用于监测生态系统的健康。

（2）栖息地与生态系统互动。栖息地是河流生态系统的家园,包括了水体、水底、岸边和周边地区。不同物种在不同的栖息地中寻找食物、繁殖和栖息。生物多样性的维护和生态系统的稳定性与栖息地的多样性和可用性密切相关。破坏栖息地可能导致物种迁徙或生存条件的恶化。例如,湿地的开发和河岸的筑坝会减少水鸟的繁殖地和鱼类的洄游通道。

（3）食物链与生态系统互动。食物链是河流生态系统中各种生物之间相互依赖的重要联系。食物链通常包括浮游生物、底栖生物、小型鱼类、大型鱼类及鸟类和哺乳动物等不同层次的生物。这些生物之间的捕食和被捕食关系维持了生态系统的平衡。如果某一层次的生物数量发生变化,将会对整个生态系统产生连锁反应。例如,如果底栖生物的数量减少,可能会导致鱼类和水鸟的食物短缺,进而影响它们的生存和繁殖。

2）鱼类通道建设技术

鱼类通道建设技术在水利工程和河流生态系统管理中起着至关重要的作用,特别是在水坝、堰塞湖和其他水文结构存在的情况下。以下是两种主要的鱼类通道建设技术。

(1)鱼梯。鱼梯是一种专门设计和建造的结构,旨在帮助鱼类越过水坝、堰塞湖和其他高度不可逾越的水文结构。鱼梯通常由一系列水池或槽组成,它们的高度逐渐升高,模拟了自然水流中逐渐上升的水位。这使得鱼类可以逐级跳跃或游泳,克服高度差,最终到达上游。鱼梯的设计需要考虑鱼类的大小、种类和行为习惯,以确保它们可以安全、高效地通过。鱼梯的建设通常需要考虑水流动力学、生态学和工程学等多种因素,以确保其有效性和可持续性。

(2)水流管理。水流管理涉及调整水流的速度、深度和方向,以模拟自然条件,促进鱼类的迁徙。这种技术通常用于改善鱼类的洄游通道,确保它们可以在迁徙过程中轻松地游过水坝或其他障碍物。水流管理可以通过改变水位、开启闸门、控制流速等方式实现。其中的关键是要确保水流管理不仅有助于鱼类的迁徙,还要维护生态系统的其他方面,如水质、栖息地和食物链。

这两种技术的应用通常需要综合考虑生态学、工程学、水文学和水动力学等多个领域的知识。鱼类通道建设技术的成功应用可以帮助恢复和维护鱼类种群,维持河流生态系统的健康,从而实现水利工程和生态保护的双赢。

3.水体生态补偿

水体生态系统,包括河流、湖泊和水库等水域环境,对生态平衡和水资源的可持续利用至关重要。然而,水利工程项目可能对水体生态系统产生负面影响,因此需要采取水体生态补偿措施。

1)水体生态系统的重要性

水体生态系统在地球上的生命支持系统中发挥着至关重要的作用。它们不仅是生物多样性的关键维护者,还对整个地球环境和人类社会产生广泛而深远的影响。

(1)生态多样性维护。水体生态系统包括湖泊、河流、湿地、海洋和淡水生态系统等,提供了丰富多样的生态栖息地。这些生态系统支持着各种水生生物,包括鱼类、水生植物、微生物和水鸟等。水体生态系统的多样性是生物多样性的关键组成部分,维护了地球上大量物种的生存和繁衍。许多鱼类、两栖动物和爬行动物及候鸟都依赖水体生态系统作为它们的栖息地和繁殖地。

(2)水质维护。水体生态系统在维护水质方面发挥着重要作用。它们可以吸收、分解和去除污染物,净化水源。湿地生态系统特别"擅长"吸收营养物质和过滤污染物,有助于改善水质。河流和湖泊的水循环也有助于稀释和清除污染物质,保持水体的清洁和健康。

(3)自然景观。水体生态系统为人类提供了令人惊叹的自然景观。美丽的湖泊、清澈的溪流、壮观的瀑布、蓝色的海洋和广袤的沼泽地都构成了自然之美的一部分。这些景观不仅为人们提供了休闲娱乐的机会,还有助于心灵的放松和恢复。许多地区的旅游业都将水体生态系统作为吸引游客的景点。

水体生态系统在维护生态平衡、提供清洁水源、创造美丽景观和支持经济发展方面都具有不可替代的重要性。它们不仅对自然界的生态平衡至关重要,还直接关系人类社会的健康和繁荣。因此,保护和可持续管理水体生态系统对人类的生存至关重要。

2）水体生态补偿技术

水体生态补偿技术包括以下内容。

a.人工湖泊和湿地建设。

人工湖泊和湿地建设是一种常见的水体生态补偿方法。通过在水体周围建造人工湖泊和湿地，可以创造新的生态栖息地，提供鸟类、鱼类和其他水生生物的栖息地和繁殖地。这些人工湖泊和湿地还可以起到水质净化的作用，通过湿地的生物过滤功能和水体的自然净化过程来改善水质。

b.河岸修复。

河岸修复是一项重要的生态补偿技术，旨在修复受损的河岸生态系统，恢复自然河道的生态功能。具体包括修复河岸的植被、恢复水体的生态连通性，以及采用防护措施来减少河岸侵蚀和土壤流失。河岸修复有助于保护河岸栖息地、维护水体的水质和改善鱼类通道，促进了水体生态系统的健康。

c.水质改善。

水质改善是一项关键的水体生态补偿措施。它包括采取一系列措施如修建生物滤池、沉淀池、人工湖泊等来净化水体。这些措施可以去除污染物、减少营养盐浓度、提高水体的透明度，从而改善水质，维护水体生态系统的健康。

生态恢复技术在水利工程中的应用对于减轻水利工程项目对生态系统的不利影响至关重要。湿地修复、鱼类通道建设和水体生态补偿等技术不仅有助于保护生态平衡，还能提高水利工程的可持续性。因此，在规划和实施水利工程项目时，必须充分考虑这些生态恢复技术的应用，以确保水资源的可持续管理和生态系统的健康。

（四）绿色施工

绿色施工是指工程建设中，在保证质量、安全等基本建设要求的前提下，通过科学管理和技术进步，最大限度地节约资源与减少对环境负面影响的施工活动，实现"四节一环保"（节能、节地、节水、节材和环境保护）。对于实际工程，管理在绿色施工技术应用中起着决定性的作用。

1.国内推行绿色施工的现状

虽然我国在建筑领域取得了引人注目的成绩，但在发展的同时也要清晰地认识目前的综合国情和存在的短板。

人们常常混淆绿色建筑和绿色工程。绿色建筑的主旨是充分利用太阳能、可再生能源、环保材料等新型能源或绿色建材进行建筑物的修建，实现建筑本质的绿色环保。不管是绿色建筑，还是绿色施工，在实施过程中，都要求管理者和从业人员专门花费时间、精力、人力、物力和财力，这无疑会影响工程进度，而这是施工企业管理者和从业人员最不想看见的结果，因此绿色施工的推广应用工作是有难度的。

目前，对于企业绿色施工效果的评价还只是一种结论性的静态的评价。在施工过程中，监管部门通过节水、节能、减排、降低噪声等指标进行考核评价。

从业人员的综合素养需要增强。对于施工单位，从业人员既是施动者，又是受动者。从业人员的意识、知识、技能、素质直接代表并影响着企业的形象和发展方向。因此，施工企业还需要在高层次人才引进、员工培训、管理等多方面齐抓共管，方能取得成效。

2.水利工程施工企业实施绿色施工

为了更好地适应国际发展趋势、满足指标体系要求,实现跨国作业,水利工程施工企业要有足够的重视、充足的资金支持,高素质的人员配备,运用科学的管理理念开展相关绿色施工。具体措施如下:第一,建立相应的组织管理机构;第二,配备相应的管理人员,并且明确目标责任体系和岗位职责;第三,确定绿色施工的原则;第四,确定绿色施工的目标;第五,实施统筹规划管理;第六,确保人身安全和健康。

3.案例介绍

以某一具体在建水利工程项目为例,介绍该项目在实际作业中是如何贯彻实施绿色施工的。

1)组织领导开展工作

为了更好地组织领导,项目部成立了以项目经理为组长的领导小组,全面负责组织、检查、考评工程绿色施工的相关工作。

2)确定绿色施工总目标

该项目在水库土建工程施工过程中,依据施工现场对于能源、水资源、土地资源、建筑材料等资源的节约程度,施工作业对于环境的影响程度和产生的污染物数量来综合评判。

3)绿色施工完成目标任务分解

根据总体目标,结合国家颁布的关于废气、噪声、粉尘、固体废弃物、污水和资源的标准,分别制定二级目标和任务,指导具体的工程实施。

4)具体实施措施

根据绿色施工技术应用的总体目标,该项目制订了针对绿色施工技术的专项方案,与以往的施工技术方案不同之处在于,新增加了环境保护措施、材料节约措施、水资源节约措施、能源节约措施和土地资源节约措施。

(1)环境保护措施。根据国家相关的法规,制定三项作业等的内容和考评体系。开展专项培训,实施现场监督检查,尽可能地减少环境破坏因素,降低影响程度。

(2)材料节约措施。众所周知,材料在整个项目施工中的用量和成本占比之大,其重要性不容小觑。为了实现精细化管理及绿色施工,安全地、符合施工质量要求地节约材料,是所有施工企业关心和致力于解决的问题。该项目在节约材料方面采取的做法有:在材料的使用上落实限额领料,针对不同部位进行单独的材料核销,在不同部位材料使用的横向和纵向两个侧面进行对比,使材料使用率尽可能提高;在技术上进行施工方案的节材优化,实现材料的有序重复利用,减少浪费,进而减少由浪费引起的垃圾处理。

(3)水资源节约措施。水利工程的修建目的就是除水害兴水利,在兴建水利工程的进程中,如何节水也是水利行业亟待解决的问题。该项目为了实践绿色施工理念,在水资源节约方面所制定的措施有:上坝料加水洗车装置采用一体化的设备,使洗车用水达到循环使用的目的。

(4)能源节约措施。为了达到节约能源的目的,该项目在机具设备选用上把能源消耗、环保等指标作为选用依据;施工时合理安排施工作业面及人力机械配置,使设备功效得到最大程度的发挥,避免出现工作面的停工、窝工现象;相邻工作区域在具备生产能力的条件下,尽可能协调共享通用施工机械,使机械效能最优化。

(5)土地资源节约措施。依据安全文明施工的相关要求进行施工平面布置,尽可能地利用已有的、现成的构筑物,提高土地资源的利用率。

随着冰川融化、全球极端恶劣天气等一系列环境问题的频繁发生,环境问题成为人们关注的焦点,也成为人类实现可持续性发展、关乎子孙万代的伟业。由于建筑业属于高耗能行业,对于环境的污染相对来说较大,实现可持续发展是未来世界建筑业的发展夙愿,实施绿色施工是施工企业的必然方向。对于水利工程施工一线的管理人员和从业人员来说,应该适应行业发展趋势,遵照国家的法规、政策,进行组织机构组建、人员岗位责任确定、制定管理措施等工作,践行绿色施工,为水利行业的可持续发展贡献力量。

三、水利工程技术创新的路径

水利工程技术创新的路径包括科研与开发、实验室验证、现场应用和监测评估。通过跨学科的合作,将新技术转化为实际项目中的应用,可以不断推动水利工程的可持续发展。

(一)科研与开发

在水利工程技术创新的路径中,科研与开发是首要环节。这一阶段的关键目标是发现、探索和开发新的水利工程技术和方法。

1.问题识别与研究方向确定

科研与开发的第一步是明确现实世界中存在的水资源管理问题和挑战。这需要广泛的合作,包括政府、行业利益相关者和研究机构之间的密切合作。问题的明确定义对于确保科研与开发的成功至关重要。例如,问题可能包括水资源供应不足、洪水风险管理不力、水质问题等。这一步骤通常需要进行市场调研、数据分析和风险评估,以确定研究方向。

2.基础研究与理论构建

基础研究是科研与开发过程中的关键组成部分。科研团队进行基础研究,以探索相关领域的新理论和概念,从而推动水利工程技术的进步。可采取数值模拟、试验研究、数据分析等方法。例如,科学家们可以使用数值模型来模拟不同气象条件下的降水和径流,以更好地了解洪水风险。

3.技术创新与原型开发

基于基础研究的成果,科研团队可以进行技术创新。技术创新涉及新型结构设计、材料研发、自动化系统等方面的工作。原型开发是将理论转化为可操作的工程方案的关键一步。例如,在水资源管理方面,科研团队可以开发新型传感器技术,用于实时监测水质和水量,或者设计更高效的水利工程结构,以降低资源浪费。

4.跨学科合作

科研与开发通常需要跨学科合作。水利工程领域涉及多个学科,包括工程学、水文学、生态学、计算机科学等。跨学科合作有助于综合各个领域的知识,以解决复杂的水资源问题。例如,在设计生态通道时,需要生态学家的专业知识来确保通道对野生动植物的迁徙具有积极影响,同时需要工程师的知识来设计实际的通道结构。

科研与开发在水利工程领域中是不可或缺的,它推动了技术创新,为解决水资源管理和保护环境提供了新的解决方案。跨学科合作、理论构建和原型开发都是确保科研与开发成功的关键要素。通过不断的技术创新,水利工程可以更好地满足不断变化的需求,实现可持续发展目标。

(二)实验室验证

新技术研发之后,实验室验证是必要的,以确保其性能、可靠性和适用性。以下是实验室验证的关键步骤。

1.模型测试和仿真

实验室内的物理模型或计算机仿真是验证新技术性能的重要手段。这些模型可以用来模拟各种水资源管理情境,以便更好地了解新技术在不同条件下的表现。例如,当设计一个新型水坝或水力发电站时,可以使用物理模型来模拟水流、压力和结构的反应。计算机仿真则可以用来分析水资源的供应和需求,以及新技术对整体系统的影响。通过这些模型和仿真,可以识别潜在问题,对其进行改进,并为实际应用提供更好的设计。

2.性能评估

性能评估是新技术开发的重要环节,它旨在全面了解技术的工作效率、稳定性和耐久性等关键性能参数。这些参数对于确定技术在实际应用中的可行性和效益至关重要。

1)效率

效率是评估新技术性能的核心指标之一。它反映了技术在特定任务或操作中所实现的工作效果相对于资源投入的比例。对于水资源管理技术,效率通常表现为以下几个方面:

(1)水资源利用效率。对于灌溉系统,效率可以通过测量用于灌溉的水与作物实际吸收的水之间的比例来评估。高效的灌溉系统能够最大限度地减少水资源的浪费。

(2)水力发电效率。水力发电站的效率是评估其发电性能的关键因素。高效的水力发电系统能够将水流转化为电力的能力最大化。

(3)水质改善效率。对于污水处理技术,效率可以通过测量从污水中去除污染物的能力来评估。高效的污水处理系统能够有效净化水体。

2)稳定性

新技术的稳定性是指其在不同条件下的表现和性能是否保持一致。稳定性评估考虑了技术在不同水质、水量和气象条件下的工作情况。这对于确保新技术在各种环境下都能够可靠运行至关重要。稳定性评估通常包括以下几个方面:

(1)水质适应性。新技术在不同水质条件下的表现,包括对水中溶解物质、化学物质和微生物等的影响。这尤其重要,因为水质可能因地理位置和季节而异。

(2)水量适应性。评估新技术在不同水量条件下的表现,包括旱季和雨季等水流量变化的影响。一些新技术可能需要适应不同的流量来确保可靠运行。

(3)气象适应性。新技术在不同气象条件下的稳定性,包括极端天气事件,如干旱、洪水和飓风等。新技术需要能够应对这些极端条件。

3)耐久性

新技术的耐久性是评估其长期可靠性和寿命的关键因素。具体包括技术在实际操作中的使用寿命,以及维护和修复的需求。耐久性评估通常包括以下几个方面:

（1）使用寿命。技术的预期寿命，即在正常运行条件下可以持续工作的时间。长寿命的技术通常更有吸引力，因为它们可以减少更换和维护的成本。

（2）维护需求。技术维护的频率和复杂性。低维护成本的技术通常更容易管理和维护。

（3）可替代性。如果技术部件需要更换或升级，评估替代部件的可用性和成本。

性能评估可以通过一系列试验和测试来完成，以确保新技术能够满足设计和性能要求。这些试验通常涉及设备的运行时间、性能参数的监测，以及在不同条件下的性能测试。

3.安全性评估

水利工程技术的安全性对于保护人们的生命和财产安全至关重要。在实验室验证阶段，安全性评估旨在确保新技术在实际应用中不会带来安全隐患。可对新技术在自然灾害（如洪水、地震等）和其他极端事件下的表现进行评估。

安全性评估涉及以下几个方面。

1）洪水风险管理

洪水是水资源管理中的重要挑战之一。评估新技术在洪水情况下的性能至关重要。

（1）洪水对设施的影响：分析洪水对新技术设施的潜在影响，包括水利结构、灌溉系统和污水处理设施等。确定洪水可能对设施造成损害。

（2）应急响应能力：确保新技术设施具备应对洪水的应急响应能力，包括洪水预警系统、应急排水措施和设备保护计划等。

2）地震耐受性

地震是一种常见的自然灾害，特别在地震活跃区域。评估新技术在地震发生时的性能是至关重要的，以确保其在地震引发的振动和位移下能够安全运行。评估地震耐受性包括以下方面：

（1）结构设计。确保新技术的结构能够承受地震引发的力量和位移，通常需要符合地震工程标准和规范。

（2）安全设施。考虑地震可能引发的火灾、泄漏和其他紧急情况，需要设计和配置安全设施和紧急响应计划。

3）极端天气事件

极端天气事件如飓风、干旱等也可能对水资源管理产生重大影响。安全性评估需要考虑新技术在这些条件下的表现，以确定其在极端天气事件中的可靠性和安全性。评估极端天气事件的安全性包括以下几个方面：

（1）飓风和风暴防护：确保新技术设施具备抵御飓风和强风的能力，需要采用风洞测试和强风模拟。

（2）干旱适应：新技术在干旱条件下的性能，包括水资源管理系统的供水可靠性和节水措施的效果评估。

通过实验室验证和安全性评估，可以提前发现潜在的安全风险，并采取措施来确保新技术在实际应用中的安全性。这有助于减少不必要的事故和损失，确保水资源管理的可持续性和安全性。

(三)现场应用与监测评估

实验室验证成功后,新技术需要在实际工程项目中进行应用,并进行监测和评估。以下是现场应用与监测评估的步骤。

1.工程应用

新技术的工程应用是将其纳入实际水利工程项目中的关键步骤。这一阶段需要仔细规划和执行,以确保新技术的有效性和可行性。

1)工程设计

在将新技术应用于实际工程项目之前,需要对工程进行详细设计,包括确定新技术的整合方式、系统参数和工程方案。

2)设备采购和安装

根据设计方案,采购和安装所需的设备和系统,涉及与供应商的合同签订、设备运输和安装监督等工作。

3)操作与维护计划

制订新技术的操作与维护计划,确保设备在实际运行中的高效性和可靠性,包括培训操作人员和维护团队。

4)性能测试

在工程应用初期,对新技术的性能进行测试和评估,以验证其在实际运行中的表现。

2.监测和数据收集

在新技术应用的过程中,建立监测系统以收集有关技术性能和效益的数据是至关重要的。这些数据用于评估新技术的实际影响,以及确定是否需要进行改进和优化。

1)监测设备安装

在应用阶段,必须安装监测设备,以监测新技术的各项参数。监测设备有传感器、数据记录仪、远程监测系统等。

2)数据记录和传输

监测设备将不断收集有关新技术运行的数据。这些数据需要进行记录、传输和存储,以便后续分析和评估。

3)实时监测

建立实时监测系统,以便随时了解新技术的性能。这有助于及时发现问题并采取措施解决。

3.效益评估

对新技术的效益进行定量和定性评估是确定其实际影响的关键步骤。效益评估不仅包括经济层面的影响,还考虑了环境和社会方面的影响。以下是效益评估的关键内容。

1)经济效益

分析新技术的经济效益,包括投资回报率、成本效益分析和财务影响等。这有助于确定新技术是否具有经济可行性。

2)环境效益

评估新技术对环境的影响,包括减少污染、资源保护和生态系统恢复等方面的效益。

3）社会效益

考虑新技术对社会的影响，包括提供就业机会、改善居民生活质量和社区发展等方面的效益。

4.持续改进

基于监测数据和效益评估的结果，需要不断改进和优化新技术，以确保其在实际应用中的可持续性。持续改进包括以下方面：

1）问题识别和解决

及时识别新技术运行中的问题，并采取措施解决这些问题，以提高技术的可靠性。

2）技术升级

根据监测数据和评估结果，进行技术升级，以适应不断变化的需求和条件。

3）可持续管理

建立可持续的管理体系，确保新技术长期保持高效性和可行性，包括规定和标准的制定，以及管理团队的培训和发展。

通过持续改进，新技术可以适应不断变化的环境和需求，确保其在水利工程中的长期可行性和可持续性，这也是确保水利工程技术的创新能够持续为社会和环境带来积极影响的关键路径。

水利工程可持续发展的理念与目标及技术创新与应用，是实现水资源可持续利用、环境保护和社会效益的关键。只有将这些理念和技术融入水利工程的规划、设计、建设和管理中，才能实现可持续发展的目标，为未来世代留下丰富的水资源和良好生态环境。

参考文献

[1]刘大同,郭凯,王本宽,等.数字孪生技术综述与展望[J].仪器仪表学报,2018,39(11):1-10.

[2]黄海松,陈启鹏,李宜汀,等.数字孪生技术在智能制造中的发展与应用研究综述[J].贵州大学学报(自然科学版),2020,37(5):1-8.

[3]郭亮,张煜.数字孪生在制造中的应用进展综述[J].机械科学与技术,2020,39(4):590-598.

[4]陈岳飞,肖珍芳,方向.数字孪生技术及其在石油化工行业的应用[J].天然气化工(C1化学与化工),2021,46(2):25-30.

[5]高志华.基于数字孪生的智慧城市建设发展研究[J].中国信息化,2021(2):99-100.

[6]张新长,李少英,周启鸣,等.建设数字孪生城市的逻辑与创新思考[J].测绘科学,2021,46(3):147-152,168.

[7]李欣,刘秀,万欣欣.数字孪生应用及安全发展综述[J].系统仿真学报,2019,31(3):385-392.

[8]党存禄,武文成,胡开伟,等.基于LoRa技术的中低压配电网监控系统[J].自动化与仪表,2019,34(11):18-22.

[9]路永玲,刘洋,胡成博,等.基于LoRa的架空线路物联网感知技术研究[J].电气应用,2019(7):68-75.

[10]巩文东,王广涛,林毓梁.基于LoRa无线通信的气体检测装置在电力施工中的应用[J].山东电力技术,2021,48(3):32-35,55.

[11]李杰,余亚东,雷宗昌,等.LoRa技术在直流避雷器监测系统中的应用[J].实验室研究与探索,2021,40(3):49-53,80.

[12]郑宁,梅传贵,陈翔,等.基于集群管理模式的江港堤防水利工程综合管理平台的建设[J].水利技术监督,2022(2):59-63,84.

[13]卢建华,刘晓琳,张玉炳,等.基于数字孪生的水库大坝安全管理云服务平台研发与应用[J].水利水电快报,2022,43(1):81-86.

[14]张绿原,胡露骞,沈启航,等.水利工程数字孪生技术研究与探索[J].中国农村水利水电,2021(11):58-62.

[15]蒋亚东,石焱文.数字孪生技术在水利工程运行管理中的应用[J].科技通报,2019,35(11):5-9.

[16]张社荣,姜佩奇,吴正桥.水电工程设计施工一体化精益建造技术研究进展——数字孪生应用模式探索[J].水力发电学报,2021,40(1):1-12.

[17]刘彩云.基于时间序列挖掘技术的南水北调工程安全监测数据异常检测[D].郑州:华北水利水电大学,2019.

[18]李雷,鲁仕宝,畅建霞,等.两种典型模型算法在水利工程中的类比分析[J].中国建材科技,2010,19(6):51-55.

[19]张绿原,陈华栋,许小峰.基于遗传算法的大型泵站水泵转速优化方法[J].人民黄河,2014,36(6):138-140.

[20]刘昌军,郭良,岳冲.无人机航测技术在山洪灾害调查评价中的应用[J].中国防汛抗旱,2014,24(3):3-7,35.

[21]汤李宁.巴歇尔槽明渠流量计水位误差和流量误差测量不确定度的评定与表示[J].计量与测试技术,2015,42(5):63-64,66.

[22]冯思宏,宁德林,潘明昌.水利工程对水文资料的影响浅析[J].智能城市,2018,4(4):146-147.

[23]杨春红.水利工程对水文站水文测验的影响[J].中外企业家,2016(18):216,219.

[24]颜培胜,张旭,李强.河湖水域岸线监管平台应用研究[J].中国水利,2021(20):30-33.

[25]王国岗,赵文超,陈亚鹏,等.浅析数字孪生技术在水利水电工程地质的应用方案[J].水利技术监督,2020(5):309-315.

[26]蒋亚东,石焱文.数字孪生技术在水利工程运行管理中的应用[J].科技通报,2019,35(11):5-9.

[27]陶飞,刘蔚然,刘检华,等.数字孪生及其应用探索[J].计算机集成制造系统,2018,24(1):1-18.

[28]黄诗峰,江来,张芙蓉,等.空天地一体化监测技术在河湖监管中的应用与展望[J].中国水利,2021(23):41-44.

[29]谢智龙,刘中伟.构建监管严格的河湖管理保护机制[J].中国水利,2022(10):9-11.

[30]张钟海,管林杰.基于无人机VR全景的水域岸线监管数字孪生系统研究[J].水利水电快报,2022,43(1):102-106.

[31]唐震.建筑工程绿色环保施工技术应用[J].居舍,2020(36):49-50.

[32]马啸波.建筑工程绿色环保施工技术应用[J].价值工程,2020(22):110-111.

[33]李奇才.绿色建筑中环保节能施工技术的运用研究[J].建材与装饰,2018(28):3-4.

[34]王俊霞.建筑工程绿色环保施工技术应用研究[J].建筑技术开发,2020,47(1):67-68.

[35]胡海涛,王永刚.水电工程可行性研究阶段节能降耗分析计算[J].东北水利水电,2014,32(10):4-5,11,71.

[36]任金明,金珍宏,吴迪.水电工程节能降耗分析与研究[J].水利规划与设计,2012(5):1-2,5.

[37]黄小红.绿色节能施工技术在建筑工程中的应用[J].中国住宅设施,2020(12):14-15.

[38]贾宝真,禹雪中.国内外水电环境及可持续性评价标准的比较[J].水力发电,2013,39(4):13-16.

[39]张佳萱.低碳经济的理论基础及其经济学价值[J].商场现代化,2017(7):249-250.